JN056962

# Officeで学ぶ
# コンピューター活用入門

坂本正徳／近藤良彦 共著

ムイスリ出版

## まえがき

スマートフォンが普及し、簡単な調べものやコミュニケーションなどはスマートフォンを用いてできるために、コンピューターを使う機会が減ってきました。しかし、文書を作成したり、図を作成したりする作業はコンピューターを用いたほうがすばやく操作できることや、コンピューターでないとできない作業も多くあります。

本書は、基礎的なコンピューター操作を実習形式で学ぶことにより、レポート作成、資料作成、データ分析、といった作業ができるようになることを目標にしています。具体的には、インターネットの効率的な利用方法、ワープロでの文書作成や図の利用、表計算ソフトを用いた計算やグラフの作成、プレゼンテーションスライドの作成について解説しています。

本書で想定している練習環境は次のようなソフトウェアです。

OS＋ブラウザー ： Windows10（あるいは Windows11）＋ Microsoft Edge
オフィスソフト ： Microsoft 社の Office 製品（Word, Excel, PowerPoint）

本書を執筆しているときに Windows11 の公開が始まりました。Windows10 と比較して画面上の見え方は多少変更されていますが、基本的な操作方法には大きな違いはありません。違いがあるところには、それぞれでの説明をしています。

Microsoft 社の Office 製品は Microsoft365 での提供版と店頭等で購入できるパッケージ版があります。Microsoft365（旧名称 Office365）というクラウドサービスは近年、教育機関や会社などで利用することが増えています。個人で契約できる形態もあります。サービス内容の一例として、メールや保存場所の利用、さらには最新版の Office ソフトの提供があり、Microsoft365 Apps といいます。Microsoft365 の契約形態はいくつかありますが、本書ではメールの利用、Office ソフトの利用、OneDrive の利用ができる契約を想定しています。

執筆段階で販売されているパッケージ製品は、買い切り版や永続ライセンス版ともいわれ、いわゆる Office2019 や Office2021 です。クラウドサービスに組み込まれていないというだけで、本書で扱う Microsoft365 版との差異は些細なものです。Office2019 および Office2021 を用いても、本書での練習は十分に行うことができます。

Office 製品（Word、Excel、PowerPoint）の機能は多彩であり、本書ではすべてを詳細に解説するスペースはありません。本書の内容だけでは不十分に感じるかもしれません。しかし、コンピューターを活用してレポートや資料を作成するためには十分な内容を取り入れています。本書で解説した操作を理解してスムーズにこなせるように練習すれば、解説していない機能についても画面上のボタンから類推して操作できるようになることでしょう。

なお、本書内での画面コピーについて、筆者らが所属する國學院大學での画面を使用しているため、ソフトウェアの画面には大学名等が表示されている箇所があります。ご容赦ください。

最後となりましたが、國學院大學人間開発学部の堀江紀子助手には本書を書くうえで多くの助言をいただきました。また、ムイスリ出版（株）の橋本有朋氏には本書の出版を強くすすめていただき、たいへんお世話になりました。厚く感謝いたします。

2021 年 11 月
著者ら

# 目　次

## ～～～　学習計画のために　～～～

本書は、各章をおよそ90分で学習できるように構成しています。12回の構成で内容のほとんどを習得することができます。

学習機会に余裕があるときには、練習問題で各章の操作を繰り返し練習したり、応用的な内容へとつながる付録内容を練習したりしてみましょう。さらに理解が深まることでしょう。

コンピューターという道具を使いこなすためには、練習が必要です。本書の操作方法を一度行っただけでは身に付きません。普段から利用するように心がけることが大切です。

Office ソフトを使ってレポートを作成しているとき、計算処理をしているとき、発表スライドを作成しているとき、本書の内容を参考にしてください。

# 第１章　基本操作と日本語入力

コンピューターを使って作業を行うときの基本的なことを確認しましょう。

## １．基本事項

### （１）キーボード

クリエイティブな作業は文字入力から始まります。キーボードでの文字入力がすばやくできれば、コンピューターでの作業はスムーズになることでしょう。

下の図はキーボードの一例です。キーに書かれているひらがな文字は使いませんので省略しています。

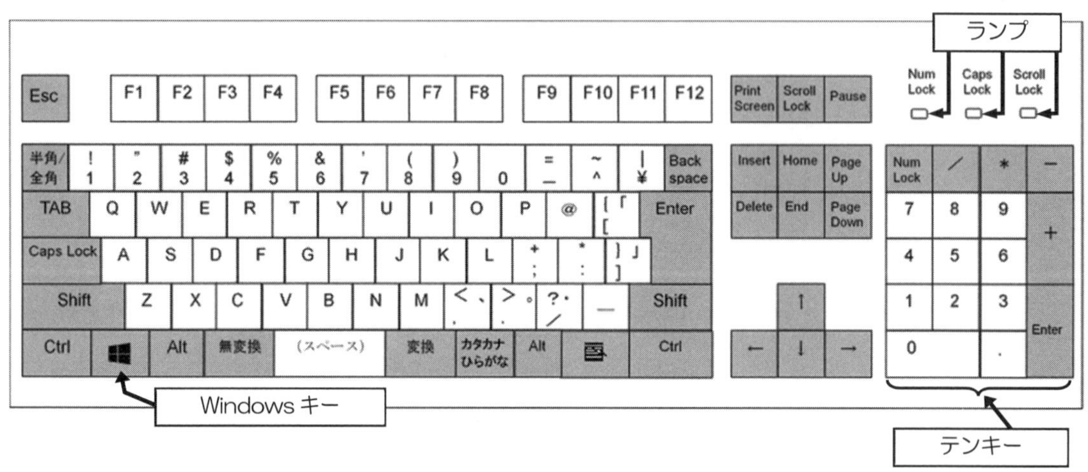


**■　Num Lock と Caps Lock の確認　■**

使い始めるとき、ユーザー名やパスワードを入力します。そのときにアルファベットや数字が思いどおりに入力できなければ、キーボードの「Num Lock」「Caps Lock」の状態を確認しましょう。

Num Lock のランプが点灯　・・・　キーボード右のテンキーで数字の入力ができる状態
Caps Lock のランプが点灯　・・・　アルファベットの入力が大文字になる状態

Num Lock は ON、Caps Lock は OFF にして使います。ON と OFF の切り替えは次のとおりです。

Num Lock　・・・　［Num Lock］キーを押す
Caps Lock　・・・　［Shift］キーを押しながら［Caps Lock］キーを押す

近年のキーボードではランプがなくなりつつあります。Num Lock や Caps Lock の ON／OFF の状態がわからないときには、文字表示ができるところを使って、キー入力操作を行い、テンキーが使えるかどうか、アルファベットのキーを押したときに小文字が表示されるかどうかを確かめるとよいでしょう。

ランプが 3 つある場合、Scroll Lock というランプがあります。Scroll Lock は、ソフトウェアのスクロールに関する状態を変える機能です。しかし、近年ではほとんど使われないため、ランプだけでなく、［Scroll Lock］キーもなくなりつつあります。

■　特殊なキー　■

アルファベット以外のキーでは特殊な機能をもっているものがあります。それらを使うとマウスを使うよりも効率よく作業を進めることができます。特に、[ ⊞ ]［Esc］、［Tab］、［Home］、［End］などのキー、および2つのキーを組み合わせたショートカットキー（たとえば、［Ctrl］＋［Z］:［Ctrl］キーを押しながら［Z］キーを押す）などを使えば、操作効率がアップします。

キーボードの図にはありませんが、キーボードの最下段に、色の付いた［Fn］キーがある機種があります。［Fn］キーと同じ色をしたキーの機能を使うとき、［Fn］キーを押しながら、それらのキーを押します。ノートパソコンに多く採用されています。［Fn］キーとともに使うキーを確認しておきましょう。

■　Mac パソコン　■

本書は Windows パソコンを使うことを前提に説明していますので、Apple 社の Mac パソコンで学習する場合、キーボードに違いがあるため、注意が必要です。たとえば、本書で［Ctrl］キーと書いてあるところは、Mac パソコンでは［⌘（Command)］キーと読み替えてください。たとえば、ショートカットキーについて、［⌘］＋［Z］（［⌘］キーを押しながら［Z］キーを押す）のように操作します。

## （２）マウス

マウスの操作は左ボタンを押す「クリック」、2 回続けて左ボタンを押す「ダブルクリック」の他に、次のものも使います。

- ➢　**右クリック**　：右ボタンを押す（操作メニューを出す）
- ➢　**ドラッグ**　：左ボタンを押しながらマウスを動かす（移動や文字列の選択など）
- ➢　**ホイール操作**　：真ん中のホイールを前後に回す（画面をスクロールする）

マウスを移動して、画面上に出てくるものはマウスポインターといいます。多くのソフトでは、マウスポインターをアイコンやボタンなどに重ねたらポップアップという説明が出てきます。そして、クリックすれば操作が確定します。マウスポインターの形状は文書内にある図や文章などの位置によって形が変わり、形によって操作が異なりますので、形の変化を見逃さないようにしましょう。

マウスの動きとマウスポインターの動きは連動しているため、本書では特にこだわらない限り、画面に現れるマウスポインターのことを、単にマウスと表記します。

■　マウス操作の注意　■

基本はキーボードに手を置き、必要なときにだけマウスに手を伸ばす、という使い方を心がけるようにしましょう。キーボードで簡単にできることをマウスで行っていると、全体的に作業が遅くなってしまいます。

矢印キーによるカーソル移動や代表的なショートカットキーを使えるようにしましょう。

## （３）その他の入力機器

ノートパソコンのなかには、スマートフォンやタブレットのように画面に触れて操作できるタッチパネルを搭載している機種があります。タッチパネルの操作についてはスマートフォンなどと同様なので、説明は不要でしょう。

もちろん、マウス操作の代わりなので、不用意に画面に触れると、何らかの操作になってしまうことがあります。注意しましょう。

## ２．利用開始

コンピューターを使い始めるときには、ユーザー名とパスワードを用いた個人認証が必要です。ユーザー名は自分の名前、パスワードは家や部屋の鍵にたとえられます。名前が他の人に知られることで起こるトラブルは少ないですが、鍵が他の人の手に渡ると困ります。

使い始めるときにはサインイン（ログイン、ログオン）を行って鍵を開け、逆に使い終わるときには、サインアウト（ログアウト、ログオフ）を行って鍵をかけます。

### （１）サインイン（ログイン、ログオン）

画面の指示に従って、ユーザー名とパスワードを入力します。利用しているコンピューター環境によって方法が異なりますので、詳細は割愛します。

#### ■　サインインできないとき　■

原因のほとんどはタイプミスです。次のことを確認してみましょう。

- アルファベット大文字やキー上部に刻印されている記号を入力するときは、［Shift］キーを押しながら入力します。
- 入力を修正するときは、部分的にやり直さずに、最初からやり直すようにしましょう。
- パスワードは画面に表示されません。キーボードをよく見ながら入力しましょう。
- Num Lock の状態（p.2）を確認しましょう。
- Caps Lock（p.2）がかかっているかもしれません。画面に「Caps Lock キーがオンになっています」などのメッセージが出ているか確認しましょう。

### （２）デスクトップ

サインイン後に表示されるコンピューターの基本画面です。下の図は Windows10 のデスクトップ画面です。画面下部には［スタート］ボタン、タスクバー、通知領域があります。

［スタート］ボタンの右側に、よく使うソフトウェアをすぐに起動できるようにしているアイコンがあります。そのアイコンの右方に、現在起動しているソフトウェアのアイコンが並び、起動していることがわかる印が付きます。どのような印なのか、確認しておきましょう。

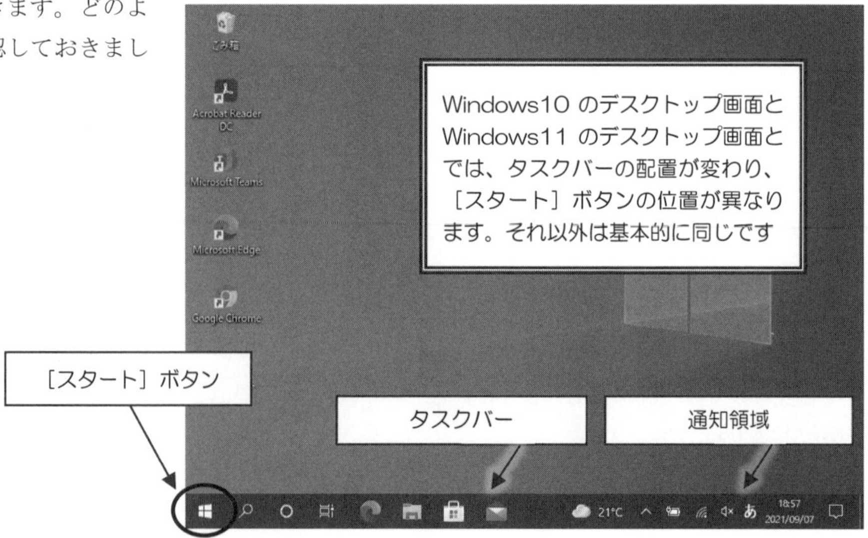

### （3）ソフトウェアの起動

［スタート］ボタン

すべてのソフトウェアは、スタートメニューから起動することができます。スタートメニューにすでに表示されているソフトウェアからの起動は説明する必要はないでしょう。

ここでは「メモ帳」を例にして説明します。

**◆「メモ帳」を検索して起動**

① キーボードの［ ■ ］キーでスタートメニューを表示させます。

② 日本語入力を ON（p.8）にして、「メモ帳」と入力します。すると、探し出して表示されます。スタートメニュー付近にある検索欄に「メモ帳」と入力するのと同じ操作になります。

③ 見つかったら、［Enter］キーを押すか、「メモ帳」をクリックすると起動します。

**◆「メモ帳」を一覧から探す場合（マウス編）**

① ［スタート］ボタンをクリックして、スタートメニューを表示させます。

② マウスをソフトウェアの一覧に合わせてスクロールし、一覧の下のほうを見ます。Windows11 では、［すべてのアプリ］ボタンをクリックしてから一覧表示にします。

③ Windows10 では、メモ帳は［Windows アクセサリ］にあるので、そこをクリックします。Windows11 では、一覧表示に出ていますので、スクロールして探します。

④ 「メモ帳」をクリックすると起動します。

**◆「メモ帳」を一覧から探す場合（キーボード編、Windows10）**

① キーボードの［ ■ ］キーでスタートメニューを表示させます。

② ［↓］キーで一覧を下のほうにたどります。

③ 「Windows アクセサリ」のところで、［Enter］キーを押します。

④ ［↓］キーで「メモ帳」に合わせ、［Enter］キーを押して起動します。

Windows11 では、この操作はできません。

**◆◇◆　練習　◆◇◆**　本書で利用する Word、Excel、PowerPoint を起動してみよう。

本書で利用する Word や Excel などは、このように起動するソフトウェア版を使います。Microsoft365 では、ブラウザ上で動作する Web 版の Word や Excel がありますが、これは本書で扱うソフトウェア版ではありません。Web 版のものは機能が限定されているため、本書には対応していません。

### （4）ウィンドウの操作

メモ帳が起動したら、次のウィンドウ操作をマウスで行ってみよう。

- 上部の「無題 – メモ帳」と表示しているところをドラッグ
- 上部の「無題 – メモ帳」と表示しているところをダブルクリック
- ウィンドウの枠でドラッグ（右枠、下枠、右下の角をそれぞれ試そう）
- ウィンドウ右上の［－］ボタンをクリックした後、画面下のタスクバーの「メモ帳」をクリック
- ウィンドウ右上の［□］ボタンをクリック

### （5）保存場所の確認

Word などで作成したファイルを保存する場所について、確認しておきましょう。ファイル一覧を見るためのソフトウェア「エクスプローラー」を起動してみましょう。

エクスプローラーのアイコン

左側の「PC」をクリックして、保存できる場所を確認しましょう。USB メモリーなどを接続したときに、「USB ドライブ」や「リムーバブルディスク」などのように表示されます。表示名はメーカーなどによって異なります。

ファイル管理については「第 12 章　ファイルの管理」で学習します。

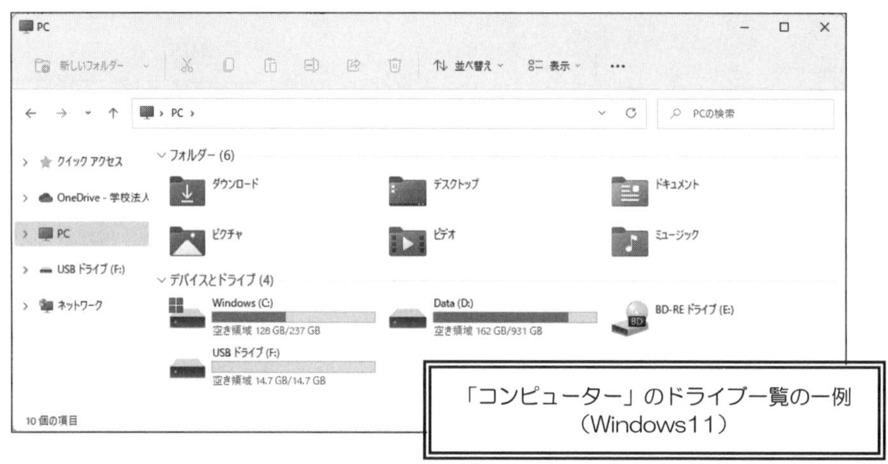

「コンピューター」のドライブ一覧の一例<br>（Windows11）

### （6）USB メモリーの利用

外付けの記憶媒体として USB メモリーが普及しています。手軽に使えますが、小型であるため、紛失による情報漏えいなどの事故が多く発生しています。持ち運ぶときには常にペンケースに入れるなど、管理には十分に注意しましょう。

取り付ける前に、保存場所の一覧を表示させておきましょう。追加した USB メモリーがどれなのか、わかりやすくなります。

**■　取り付け（利用開始）　■**

コンピューター本体にある USB 接続口に USB メモリーを差し込みます。保存場所の一覧に USB メモリーの表示が追加されます。認識されるまでに時間がかかることがあります。

下の図は USB メモリーの表示例です。ドライブ番号はアルファベット 1 文字で割り当てられ、「 Q 」や「 F 」となっています。「USB ドライブ」の代わりに別の名称が表示されることがあります。

表示されたら、その表示をダブルクリックして操作を始めます。

**■　取り外し（利用終了）　■**

USB メモリー内のデータの破損を防ぐために、取り外す前には次の操作を行います。

①　USB メモリーに入っているデータを使ったソフトウェアが起動していないか確認します。

②　一覧にある USB メモリーの表示（上の図参照）で右クリックします。

③　メニューの中から［取り出し］をクリックします。

④　一覧から USB メモリーの表示が消えるか、表示が薄くなったら、USB メモリーを抜き取ります。

■　**注意**　■

上図の「フォーマット」をクリックして操作を進めてしまうと、USB メモリーに保存されているものがすべて消えてしまいます。誤ってクリックした場合、現れたウィンドウは閉じましょう。

下図のようなエラーメッセージや注意喚起のメッセージが表示された場合、USB メモリーを取り外してはいけません。それぞれ［OK］ボタン、［キャンセル］ボタンをクリックしてから、ソフトウェアが起動していないか確認しましょう。起動しているソフトウェアがないのにかかわらず、メッセージが消えないときはサインアウトするか、コンピューターをシャットダウンしてから取り外すようにしましょう。下の右図では［続行］ボタンをクリックすれば「安全に取り外せる」というメッセージが出ますが、ファイルが開いたままになることがあります。

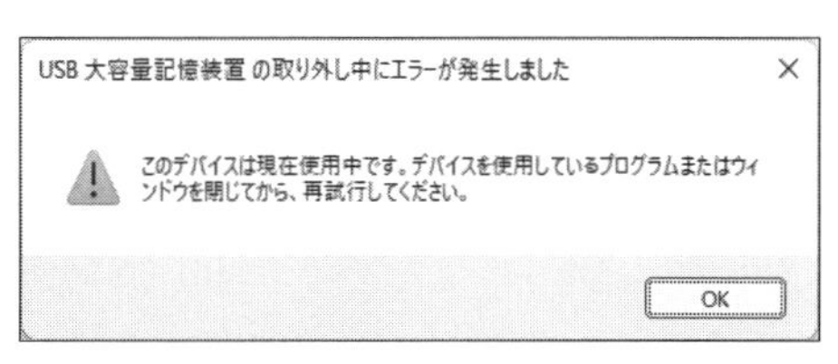


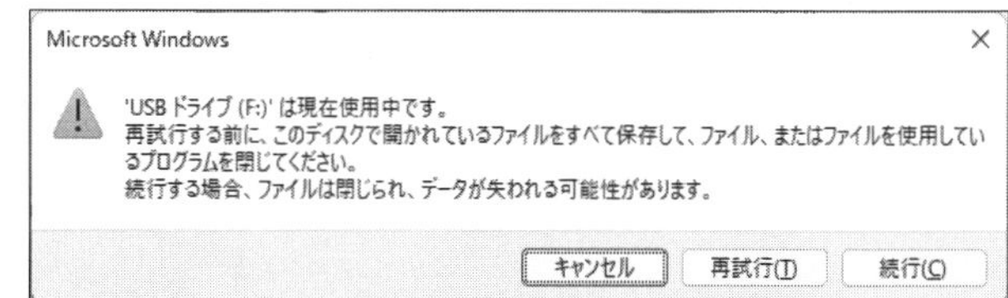


## （7）コンピューターのロックと解除

使い終わりに操作を行うサインアウトは、利用しているソフトウェアを終了することになります。短時間だけ席を離れる場合には、「ロック」の機能を利用しましょう。「ロック」をかけることでソフトウェアを終了することなく、他の人に使われたり見られたりせず、席を離れることができます。作業の再開もすぐにできます。

■　**ロックをかける**　■

［Ctrl］キーと［Alt］キーを押しながら［Delete］キーを押します。すると画面が切り替わります。

一番上の「ロック」が選択されている状態になっているので、そのまま［Enter］キーを押せば、ロックがかかります。パスワードを入力するまで、他の人が使うことはできません。

■　**ロックを解除する**　■

［Enter］キーを押すと、パスワード入力欄が現れます。パスワードを入力すれば、ロックは解除されます。ロックをかける前の画面に戻り、作業をすぐに再開できます。

■　**注意**　■

共同で使っているコンピューターを長時間ロックしていると、他の人が使えません。使っていないにもかかわらず占有してしまうことなり、他の人に迷惑がかかります。コンピューターの管理者によって強制的に解除されてしまうかもしれません。

そうならないように、すぐに席に戻るか、長時間席を離れるときには、サインアウトして席を譲るようにしましょう。

## 3．文字入力の練習

ここでは、メモ帳を使って、入力の練習をしてみよう。メモ帳を起動しましょう。

### （1）日本語入力システム

Windows 製品では「Microsoft IME」が用いられています。Windows のアップデートとともに変更されることがあるため、表示されるメニューは若干異なることがあります。本書では共通する基本的な内容について説明します。

■　IME のメニュー　■

画面右下の あ あるいは A を右クリックすると、IME のメニューが表示されます。

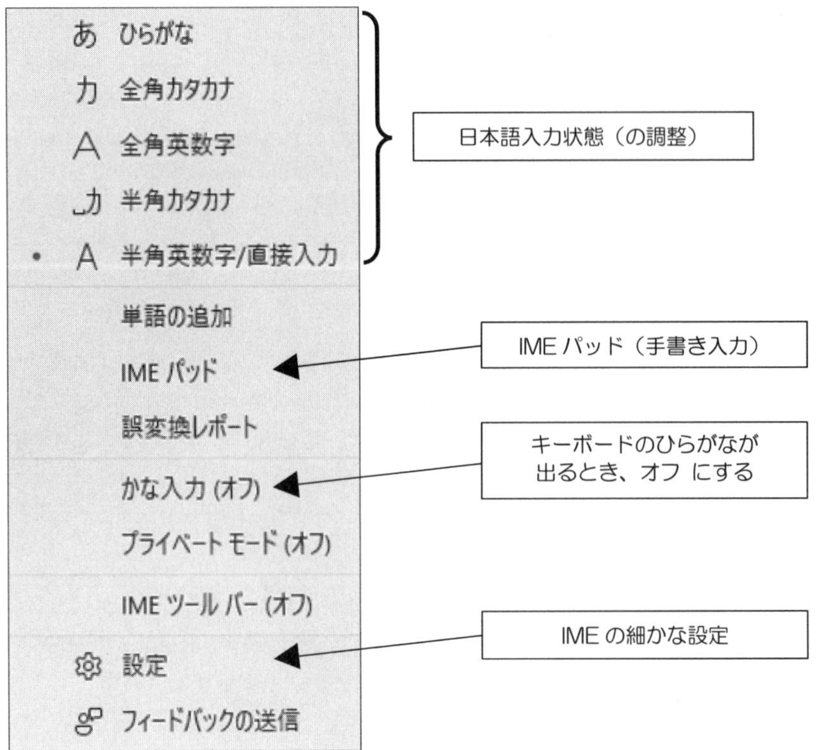


■　日本語入力の ON／OFF　■

キーボード左上の［半角／全角］キーを押すと、あ と A が入れ替わります。

➢　あ **と表示されている**：日本語入力 ON（「ひらがな」の状態）

➢　A **と表示されている**：日本語入力 OFF（「半角英数字／直接入力」の状態）

入力状態の切り替えはマウスでもできますが、すばやく切り替えるために、通常はキーボードの［半角／全角］キーで日本語入力を切り替えましょう。

他の状態は利用せず、上記の 2 通りの状態だけで文字を入力します。

■ 日本語入力状態の調整 ■

- IME の状態が「全角カタカナ カ」「全角英数字 A」「半角カタカナ ｶ」になっていればスペースキーの右方にある［カタカナひらがな］キーを押せば、あ に戻ります。
- キーボードに刻印されているひらがなが入力されていく場合には、「かな入力」になっています。あ を右クリックして、メニューの「かな入力」を確認します。オンの場合には、クリックしてオフ（または無効）にします。
- アルファベットが大文字で入力されていく場合には、キーボードが大文字固定「Caps Lock」がON の状態（p.2）になっています。［Shift］＋［Caps Lock］で解除しておきましょう。

## （２）入力の練習

メモ帳を起動して、文字入力の練習をしてみましょう。

メモ帳は、文字飾りができるワープロとは異なり、文字情報（テキストデータ）のみを扱うことのできるテキストエディターと呼ばれる種類のソフトウェアです。

◆◇◆ 練習 ◆◇◆ 日本語入力 OFF の状態で、次の入力を練習しよう。

- アルファベットや記号の書いてあるキーを、上の段から順に、そのまま押してみましょう。アルファベットは小文字が入力され、その他ではキーの左下に刻印されている文字（数字や記号）が入力されます。確認しながら入力しましょう。
  全部入力できたら［Enter］キーを押して改行しましょう。
- 次に、［Shift］キーを押しながら、同様に文字のキーを押してみましょう。アルファベットは大文字になり、キーの左上の文字（記号）が入力されることでしょう。
  入力後、［Enter］キーを押して改行しておきましょう。

■ カーソルの移動 ■

点滅している縦棒「｜」のことを「カーソル」といい、そこに文字が入力されていきます。カーソルは4 つの矢印キーで動かすことができます。文字がないところには動きません。

マウスで特定のところをクリックすることでもカーソルは移動できますが、細かな移動をするときには矢印キーのほうが速く移動できます。矢印キーで移動する練習をしてみましょう。矢印キーを押しっぱなしにすると、移動し続けます。

◆◇◆ 練習 ◆◇◆ 日本語入力を ON にして、所属と氏名を入力してみよう。

［半角／全角］キーで日本語入力を ON にして、自分の所属や氏名を入力しよう。ローマ字で入力すると自動的にひらがなになります。スペースキーで変換し、［Enter］キーで確定します。

辞書に登録されていない名前の場合、違う読み方で入力する、1 文字ずつ入力して変換するなど、工夫してみましょう。ローマ字がわからないときには、付録Dを参考にしてください。

■ 入力を間違えた場合（文字の削除） ■

［Back Space］キーや［Delete］キーで文字を削除します。縦棒のカーソルに対して右の文字を消す［Delete］キー、左の文字を消す［Back Space］キーを使い分けましょう。

### ■　変換中の説明　■

漢字の違いについて説明が表示されることがあります。たとえば、「みる」を変換しているとき、「見る」「診る」「観る」などの違いが説明されます。

### ■　変換キー（スペースキー、[F6]～[F10] キー）　■

スペースキーを一度押しただけで変換したい文字にならない場合には、何度かスペースキーを押すと変換候補が出てきますのでその中から選び、[Enter] キーで確定します。

スペースキー以外にも次のような変換キーがあります。

| | |
|---|---|
| [F6] キー | ひらがなに変換する |
| [F7] キー | カタカナに変換する |
| [F8] キー | 文字を半角（半角のカタカナあるいは半角の英数文字）に変換する |
| [F9] キー | 入力したアルファベット（全角）に変換する |
| [F10] キー | 入力したアルファベット（半角）に変換する<br>日本語文中に英単語を１つだけ入力するときに使ってみましょう |

「コンピューター」や「サッカー」など、一般的によく使われるカタカナはスペースキーでも変換できるものがあります。

### ■　[F6]～[F10] キーに関する注意事項　■

[F6]～[F10] キーに音量調整や画面の明るさ調整などの機能が充てられているものがあります。そのような機種の場合、[Fn]（ファンクション）キーがあることでしょう。[Fn] キーを押しながら [F6]～[F10] キーを押す、ということになります。

**◆◇◆　練習　◆◇◆**　さまざまな変換をしてみよう。

次の入力および変換キーを試してみましょう。

- 「出版社」「出版者」　（←スペースキーでの変換）
- 「フォント」「ﾃﾞｨｽｸ」「ＪＡＰＡＮ」「University」　（← [F7]～[F10] キーの利用）

**◆◇◆　練習　◆◇◆**　IME パッド（手書き入力）を利用してみよう。

自分の氏名を手書き入力してみましょう。1 文字ずつ入力します。

手書き入力は、読めない漢字を入力するときに便利です。

IME のメニューから [IME パッド] をクリックします。IME パッドが表示されます。

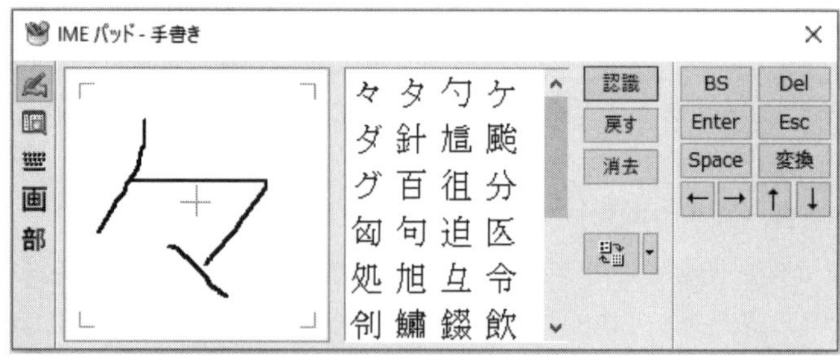

枠の中でマウスをドラッグすることによって、手書きのように書くことができます。入力しようとする漢字を書いていくと右側にその候補が次々と現れます。該当するものをクリックすると、カーソルのある入力画面上にその文字が出てきます。最後に［Enter］キーを押して確定します。

さらに、IME パッドの左端にある［画］ボタンでは総画数によって、［部］ボタンでは部首によって、漢字を探して入力することができます。

### ■　入力中の文字編集（確定する前のタイプミス）　■

確定してから間違った文字を削除して修正してもいいのですが、入力中の修正も可能です。

- ➢　**［Back Space］キーでの文字削除**：入力中の文字には点線でアンダーラインが表示されています。矢印キーでカーソルを移動させて、タイプミスした箇所だけを［Back Space］キーで削除し、入力し直すことができます。
- ➢　**［Esc］キーの働き**：スペースキーで変換し、［Enter］キーで確定する前の状態で［Esc］キーを使ってみよう。1 回なら変換している部分が変換前のひらがな状態に戻り、2 回以上押すと入力中の文章が消えます。試してみよう。

◆◇◆　**練習**　◆◇◆　記号を入力してみよう。

次の言葉を入力して、それぞれスペースキーで変換してみましょう。漢字も表示されますが、何回かスペースキーを押せば、記号が表示されます。

- ➢　「さんかく」「まる」「やじるし」「こめ」「ほし」「かっこ」「きごう」
- ➢　α（あるふぁ）、㎡（へいべい）、±（ぷらすまいなす）、〒（ゆうびん）

第 3 章で利用する Word では、［挿入］タブに、右図のような［記号と特殊文字］ボタンがあります。これを使えばさらにたくさんの記号を探しながら出すことができます。

ただし、「環境依存文字」は他のコンピューターでは表示されないことや印刷できないことがあります。他の人にファイルを渡すときなどには気をつけよう。

### ■　変換範囲の変更　■

変換される範囲が思ったとおりではないために、うまく変換できないことがあります。そのときは、スペースキーで変換中の状態にして、［Shift］キーを押しながら［←］キーまたは［→］キーを押します。すると、変換される範囲が短くなったり長くなったりします。

［Shift］キーを押さずに［←］キーまたは［→］キーを押すと、前後の変換範囲へ移動します。

◆◇◆　**練習**　◆◇◆　変換範囲を変えてみましょう。

「わたしとはいしゃへいかない」と入力し、次の 2 文に変換してみましょう。

- ➢　「私と歯医者へ行かない」
- ➢　「私とは医者へ行かない」

「私と」または「私とは」で区切って入力するなど、入力する範囲を工夫すると、変換範囲の変更はほとんど使わなくても入力作業を続けていくことができます。

### （3）練習内容の保存と印刷

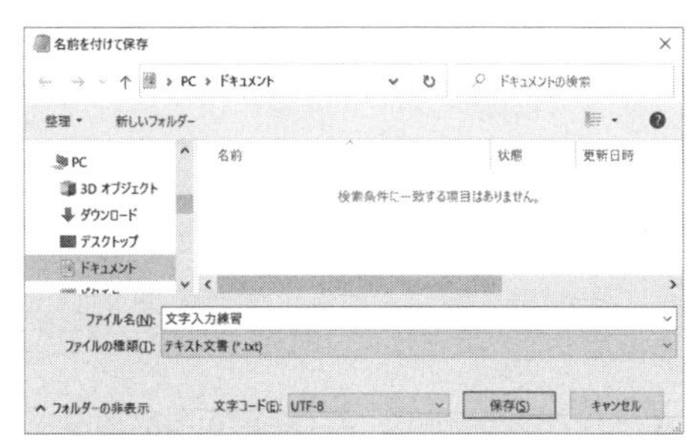


◆◇◆　練習　◆◇◆

練習した内容を保存しよう。

［ファイル］メニュー➔［名前を付けて保存］をクリックし、ファイル名に「文字入力練習」または「第１章」と入力します。保存場所が［ドキュメント］であることを確認してから［保存］ボタンをクリックします。

◆◇◆　練習　◆◇◆

印刷してみましょう。

［ファイル］メニュー➔［印刷］をクリックします。利用できるプリンターを確認し、［印刷］ボタンをクリックします。練習内容によっては、2ページ以上になる場合があります。

印刷したものは必ずしも想定したように印刷されるとは限りません。手にとってよく見て確認するようにしましょう。

## 4．コンピューター作業の終了

### （1）ソフトウェアの終了

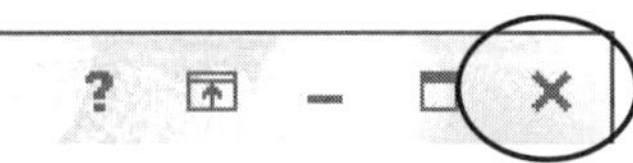

ソフトウェアを利用した作業が終わったら、そのソフトウェアを終了します。右上の ☒ をクリックします。

キーボードでは［Alt］＋［F4］でも同様に終了の操作ができます。

作業を行って保存していないときに終了の操作をすると、メモ帳の場合、次のようなメッセージが表示されます。保存すべき内容かどうか、内容を確認してボタンを使い分けてください。

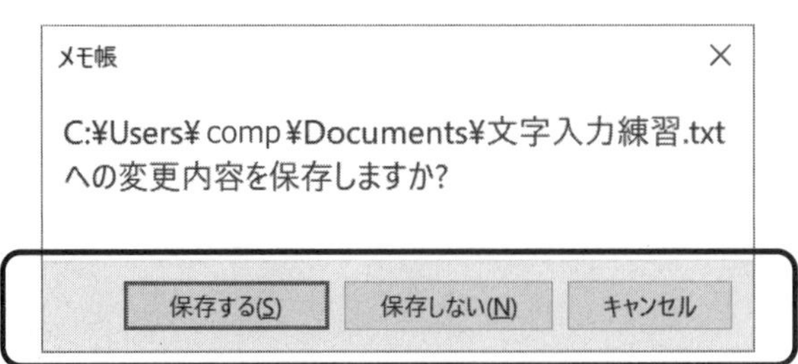


- ➢ **［保存する］ボタンをクリック**：保存していない文書の場合、保存の手順が始まり、保存後、終了します。一度保存している文書の場合、上書き保存して終了します。
- ➢ **［保存しない］ボタンをクリック**：データは破棄され、保存されずに終了します。
- ➢ **［キャンセル］ボタンをクリック**：終了の操作が中断されます。

わからないときは［キャンセル］ボタンをクリックして、保存すべき内容かどうか確認しましょう。もちろん内容によりますが、通常は保存をすることになるでしょう。

保存した直後や、何も作業をしていないときには、このメッセージは表示されません。

### （２）サインアウト（ログアウト、ログオフ）

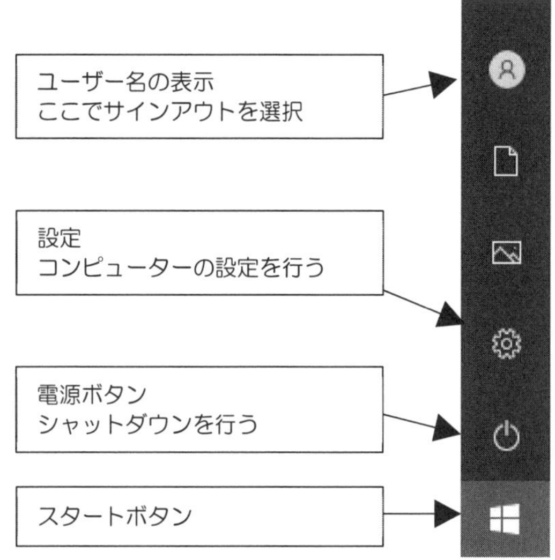


共同で利用している場所において、作業を終えるときにサインアウトをせずに席を離れてしまうと、自分の情報が盗まれるかもしれません。かならずサインアウトしましょう。

以下の手順でサインアウトします。

① タスクバーを確認し、すべてのソフトウェアが終了していることを確認します。

② USB メモリーを用いた場合には、p.6 の手順にしたがって取り外します。

③ スタートメニューの左端の中の一番上にある（ユーザー名表示）をクリックして「サインアウト」をクリックします。

④ コンピューターを利用する前の状態になれば、サインアウト完了です。

右図は Windows10 のスタートメニューです。Windows11 では配置は異なりますが、ユーザー名の表示、電源ボタンがあります。確認して、同様の操作をしましょう。

#### ■　USB メモリーなどの抜き忘れに注意　■

共同で使っているコンピューターにおいて、利用を終了するとき、USB メモリーや CD-ROM などの抜き忘れがよく見られます。席を離れる前には確認するようにしましょう。

### （３）シャットダウン（電源 OFF）

パソコンの電源ボタンを直接押さず、画面上の操作によって電源を切ります。

スタートメニューの電源ボタンにある［シャットダウン］をクリックすれば、電源を切ることができます。その後、ディスプレイなどの周辺機器の電源を切って完全に作業は終了です。

#### ■　注意　■

学校や会社など、組織が管理しているコンピューターを使っている場合、終了の操作は電源を切るまで行うのか、サインアウトだけでとどめておくのか、指示されている場合があります。確認してから操作しましょう。

#### ☰☰☰ 練習問題 ☰☰☰

（１）機種の違うコンピューターのキーボードを見比べて、特殊なキーを確認しよう。それぞれの特殊なキーの働きについて調べてみよう。

（２）コンピューターに入っているソフトウェアを調べてみよう。

（３）タイプ練習ソフトがあれば、タイピングの練習をしよう。

（４）次の文字を入力してみよう。

　々、　青、　楡、　ゞ、　λ、　μ、　∠、　¢、　‰、　¨、　～、　ˆ、　∬、

　三週、参集、対抗、太閤、記者、汽車

# 第2章　インターネットの利用

インターネットはすでに身近なインフラとして定着し、コンピューター、スマートフォンなどを通じて利用することができます。

本章は情報収集手段としてのホームページ、およびコミュニケーション手段としての電子メールを取り上げます。マナーやルールを理解したうえで、情報活用能力を身に付けていきましょう。

## 1．インターネットの基本事項

ホームページや電子メールは、会社や学校、あるいは家庭で契約しているプロバイダなどにある各用途のサーバーコンピューターを通じて利用することができます。

### （1）アドレス

インターネット上では、自分や相手の場所を指定する必要があります。ホームページや電子メールのアドレスについて簡単に解説します。例として次のようなアドレスがあるとします。

ホームページアドレス　・・・　**https://www.computer.ac.jp**
電子メールアドレス　・・・　**taro@computer.ac.jp**

**■　ドメイン（組織の場所）　■**

両方に共通して「**computer.ac.jp**」が付いています。これはドメインと呼ばれ、インターネット上の場所を示します。各部分を半角の「．」（ドット）で区切ります。

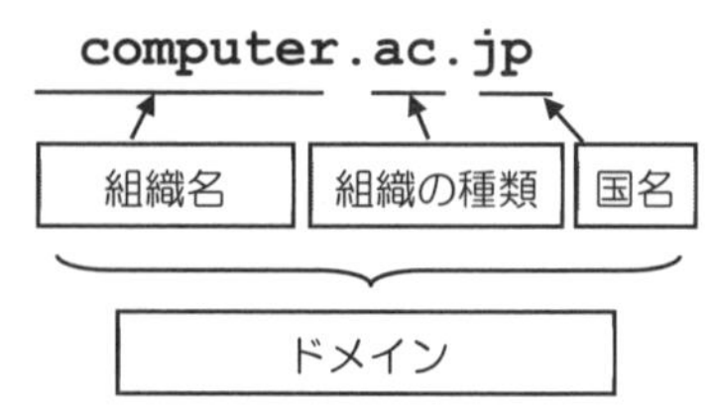


この例での「**computer**」は組織名を表しています（架空の名称です）。組織の種類は「**ac**」であり、これは大学などの教育機関を示しています。教育機関以外の種類として、会社は「co」、政府関連は「go」、プロバイダは「ne」などが用いられます。最後は国名の略称であり、「**jp**」は日本を示します。国名の付かない「com」や「org」などが用いられることもあります。

**■　ホームページアドレス（URL）　■**

ホームページのインターネット上の住所に相当するものとして、最近ではホームページアドレスといわれますが、もともとはURL（Uniform Resource Locator の略）といいます。

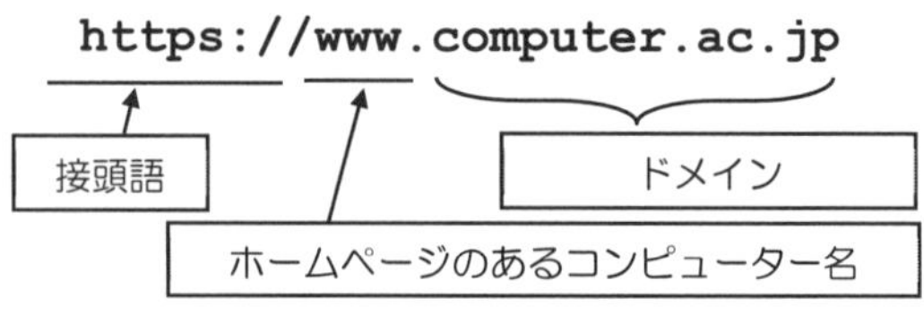


「**https://**」はホームページを利用するときの接頭語であり、Hyper Text Transfer Protocol の略に、セキュリティを意味する Secure の頭文字 s が付いています。「**www**」は World Wide Web の略ですが、ここではホームページのファイルが収められているコンピューター名として使われています。任意に決めることができるものですが、ほとんどの組織はわかりやすくするために「www」を用いています。

■　セキュリティが確保されているか注意しよう　■

ホームページ上でのメール操作やショッピングを行う場合、パスワードやカード番号の入力を行うことがあります。個人情報を扱うため、高いセキュリティが求められます。URL の接頭語に「**s**」のない「**http://～**」（または、セキュリティ保護なし）になっていないことを確かめてから利用しましょう。

■　電子メールアドレス　■

電子メールアドレスは「ユーザー名＠所属組織」というのが基本構造です。すべて半角英数の文字です。

「所属組織」は先に説明したドメインです。その前に「**@**」で区切られ、「**taro**」というのは個人名に相当するユーザー名です。

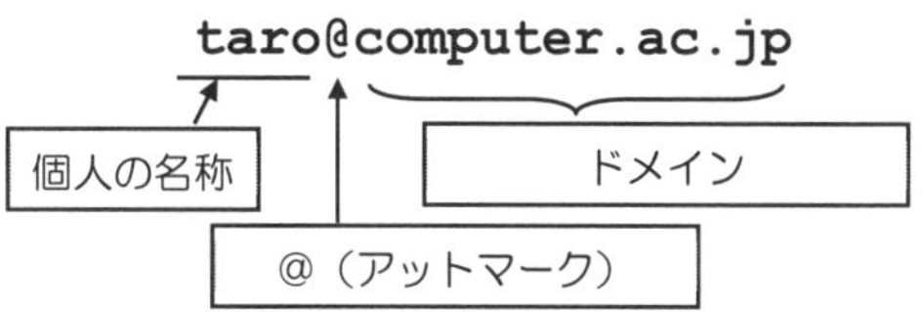


## （2）SNS の利用は責任をもって

最近はソーシャルネットワーキングサービス（SNS）が広く利用されるようになってきています。利用者の情報としてプロフィールを記載したり、特定の相手とコミュニケーションしたり、日記的に出来事をつづったりすることで情報を発信することも可能です。

SNS には閲覧できる人を限定する方法もあります。しかし、インターネットはコピーが簡単にできるメディアであるため、知人にだけ発信した情報であっても、操作ミスや閲覧者からの流出によって情報が拡散されてしまうことがしばしば起きてしまいます。見る人が限定されている場合においても、自分以外の人が見る以上、情報を公表していると考えるようにしましょう。

情報発信メディアであるということを常に念頭におき、発言には責任をもちましょう。たとえ、匿名での発言であっても、いつ／どこのコンピューターから発せられたのかを特定することはできます。誹謗中傷や犯罪に関連するものは調査され、罰せられることがあります。著作権や、個人情報の保護などにも注意を払った発信をしましょう。

# 2．ホームページに関する基本事項

インターネットの World Wide Web（WWW）という技術を用いて、多くのホームページのサイトが公開されています。Web（ウェブ）と称されることもあります。現在、ホームページは情報源の１つとして重要な位置を占めています。

ホームページを閲覧するソフトウェアのことをブラウザーといいます。Windows では Microsoft Edge が標準のブラウザーなので、それを例として解説しますが、Google Chrome や Firefox というブラウザーもよく利用されており、操作内容はほぼ同じと考えてよいでしょう。

Microsoft Edge は画面右上に Microsoft365 へのサインインがあります。サインインすることで閲覧履歴を管理するなどの機能を利用することができます。

## （1）ブラウザー（Microsoft Edge）の起動

よく使われるソフトウェアなので、画面下部のタスクバーにアイコンが用意されている場合があります。または、スタートメニューから「Microsoft Edge」を探して起動します。

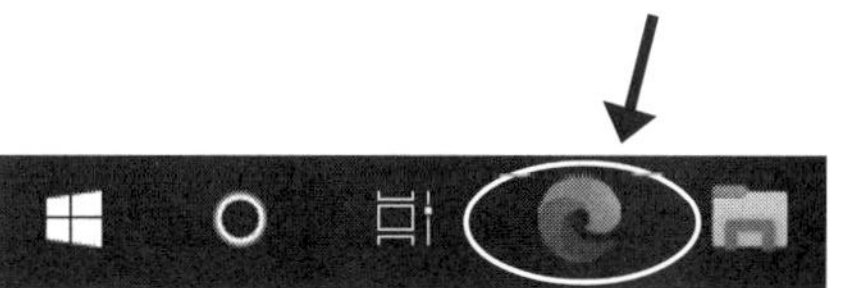

## （2）ホームページの閲覧

アドレスバーをクリックして青く選択された状態にしてから、日本語入力を OFF にして閲覧したいホームページの URL を入力し、［Enter］キーを押します。「https://」は省略可能です。

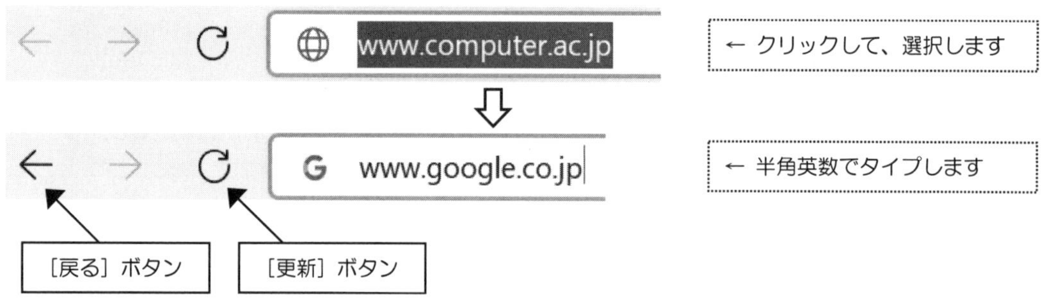


表示されたページ内でマウスポインターが に変わるところでクリックすれば次のページを開いたり、別なサイトへ移ったりすることができます。これは「ハイパーリンク」という仕組みで、この機能により、ページを次々と移動することができます。

### ■　戻る（［Alt］＋［←］）　■

前に見たページに戻りたいときには、［Alt］キーを押しながら［←］キーを押すと、前のページに戻ることができます。もしくは左上の［戻る］ボタンをクリックします。

### ■　更新（［F5］キー）　■

ブラウザーを開いたままの状態にしていると、ニュース記事など、古い内容が表示されたままになっていることがあります。そのときには［F5］キーで新しい内容を表示することができます。［更新］ボタンでも同様に更新できます。

## （3）検索ページを使った情報検索

代表的な検索サイトとして次のようなものがあります。

| | |
|---|---|
| Yahoo！（ヤフー） | **www.yahoo.co.jp** |
| Google（グーグル） | **www.google.co.jp** |

検索欄にキーワードを入力して、キーワードを含むホームページを探す、という利用の仕方をします。ホームページアドレスの部分に入力しても検索サイトへつながって検索できるブラウザーがあります。

### ■　検索の絞り込み　■

キーワードによってはたくさんの検索結果が出ることがあり、目的の情報になかなかたどり着けないことがあります。そのときには、キーワードをスペースで間をあけて 2 つ、3 つと入力することによって情報を絞り込むことができます。キーワードそのものも具体的なものにするなど、工夫しましょう。

### ■　検索サイトの情報　■

検索サイトには、ホームページ検索だけでなく、辞書（さらには翻訳）、天気情報、最新のニュース、地図情報などが提供されています。検索サイトによって提供されているサービスは異なります。

## （4）「お気に入り」への登録と利用

よく見るホームページを再表示しやすくするために、「お気に入り」に登録しましょう。「お気に入り」は☆印で表現されています。

### ■　登録（追加）　■

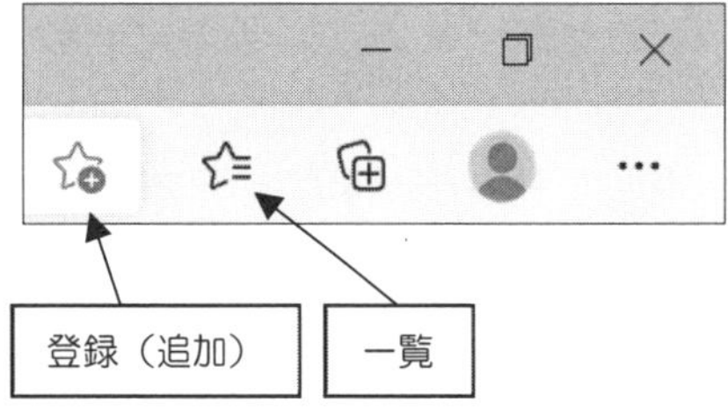


①　登録するホームページを開いている状態にします。

②　ホームページアドレス欄の右端にある☆印をクリックします。

③　ホームページのタイトルがわかりにくいものであれば、一覧から探しやすいように変更してから、登録します。

### ■　一覧から選択して開く　■

［一覧］のボタンをクリックして、☆印で登録した一覧を表示させます。その中からクリックすれば、すばやく目的のホームページを開くことができます。

## （5）ホームページ利用における注意事項

ホームページの利用は気軽にできるものですが、そこにはさまざまなルールやマナーがあります。情報源としての信頼性、著作権の問題、発言するときの責任などです。これからもホームページは発展していきます。それに合わせて、考えていきましょう。

### ■　情報源の信憑性　■

組織がサービスや広報のために提供している情報は、その組織が責任をもって出しています。しかし、個人が発信しているメッセージやコラムなどについては、情報提供者の知識や更新頻度に差があるため、その情報が正しいかどうか、最新のものであるかどうか、確かではありません。

ホームページの情報を利用するときにはそのことを承知しておきましょう。情報の真偽を他の手段（新聞や書物など）で確認することも大切です。

### ■　著作権　■

著作権とは、創造的活動によって生み出された著作物に関して、その著作者の権利を保護するものです。権利を保障することで、著作者の創造意欲が維持あるいは向上し、著作物が生み出されます。

ホームページの複写などに関して、著作権法第 30 条「私的使用のための複製」という規定に基づき、著作者に断らずに複製して使用できる範囲には次の 2 つがあると考えられます。1 つは、複製した人が個人で楽しむ場合に限りその使用ができるということです。もう 1 つは、家族が家の中で複写して楽しむ場合に限り使用が認められるということです。ただし、技術的保護手段（コピーガード）を解除する装置を使って行う複製は、たとえ私的な複製であっても著作権者の許諾が必要となります。

気づかぬうちに著作権を侵害してしまっている例が増えています。近年では SNS の利用において、不正利用が指摘される例が増えています。注意するようにしましょう。

■　**トラブル**　■

インターネット上での犯罪は巧妙なものが次々と現れてきます。巻き込まれないように気を付け、疑わしい場合や不安な場合には、詳しい人に相談しましょう。ホームページ上でのショッピングを行う際には、セキュリティや利用条件などをよく理解してから利用しましょう。

ホームページ上でできることは多岐にわたっています。学校や会社など、組織内でインターネットを利用する場合、その場所における禁止行為が決まっていることでしょう。確認するようにしましょう。

### （6）ホームページからファイルをダウンロード

ソフトウェアや統計資料のデータなど、ホームページで配布されているファイルを現在使っているコンピューターにコピーして閲覧や保存することを「ダウンロード」といいます。逆に使っているコンピューターから他へコピーすることを「アップロード」といいます。

たとえば、PDF ファイルが関連付けられているハイパーリンクをクリックすれば、ダウンロードして閲覧することができます。[開く] [保存] という選択肢が出る場合には、閲覧（またはソフトウェアの実行）をするかファイルを保存するか選択します。

また、ハイパーリンクを右クリックして [名前を付けてリンクを保存] をクリックすれば、ハイパーリンクで関連付けられたファイルをダウンロードして保存することができます。PDF ファイルをダウンロードしたり、統計データの Excel ファイルをダウンロードしたりするときなどに使うことでしょう。

■　**注意**　■

ハイパーリンクに意図しないファイルのダウンロードが関連付けられている場合があります。ウィルスや詐欺行為の可能性があります。ダウンロードを「キャンセル」するか、ホームページに説明がないかよく確認しましょう。

### （7）ホームページの印刷

印刷プレビューを確認して、印刷される枚数の確認、必要なページのみの印刷、などを工夫して、用紙の節約を心がけましょう。

右上にある [⋯] ボタン➔ [印刷] をクリック（あるいは [Ctrl] ＋ [P]）します。

印刷プレビューとともに、右図のようなプリンターの選択、部数、印刷の向き、ページ選択などができます。その他の設定を開くと、拡大縮小印刷をすることもできます。

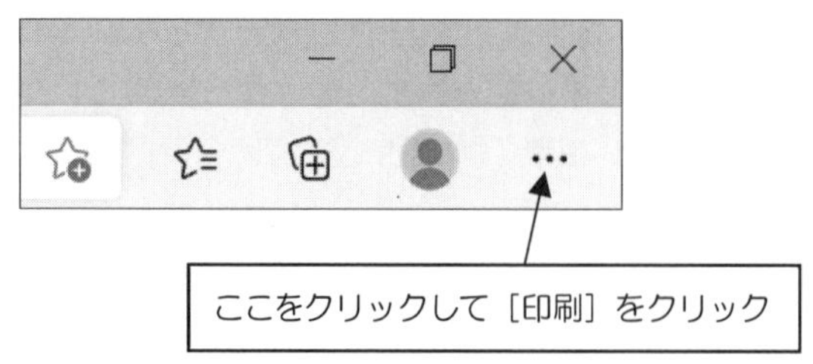

## ３．ホームページの活用（Word への記録）

情報を記録しておきたいとき、Word に貼り付けて保存してみましょう。Word を起動しましょう。

**◆◇◆　練習　◆◇◆**　「富士山」について検索し、景観、特産品、登山情報など、興味をもった内容のあるホームページを探そう。画像と文字情報のあるページを見つけ、次の練習をしてみよう。

### （１）Word の利用

残しておきたい情報がある場合、ワープロソフト Word を使って保存すると便利です。

ホームページからのコピーを行う場合、注意点として、次のことを守りましょう。

- ホームページの著作権に留意し、複写したものの利用は個人的なものとする。
- 情報源として利用する場合、ホームページアドレス（URL）や情報提供元を示す。
- ニュースのサイトなどからコピーした場合、ニュースの日付なども記録しておく。
- 内容がわかるファイル名を適切に付けて保存しましょう（p.32「第３章　３．保存」参照）。

### （２）画像のコピー

文字などが選択された状態では正しくコピーできないことがあります。ハイパーリンクのないところをクリックして選択を解除してから、操作をしましょう。

名前を付けて画像を保存
画像をコピー
画像リンクをコピー

［画像をコピー］をクリック

① ホームページ上の写真や図にマウスを重ね、右クリックします。

② 現れたショートカットメニューから［画像をコピー］をクリックします。画像によってはメニューが表示されず、コピーできないものがあります。

③ 画面最下部のタスクバーにある Word をクリックして切り替えます。

④ 画像を貼り付ける位置をクリックします。

⑤ ［ホーム］タブ➔［貼り付け］ボタンをクリックします。

あるいは、［Ctrl］＋［V］としても貼り付けることができます。

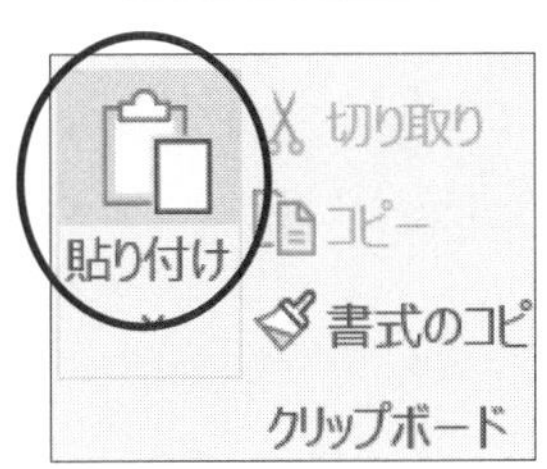


貼り付けた後の画像は、第６章で学習する文字列の折り返し、移動、大きさの変更を参照して適切にレイアウトしてください。

### （３）文字情報のコピー

文章として存在している文字と、図の中に入っている文字とを見間違えないようにしましょう。1 文字ずつドラッグによって選択できるものがここで扱う文字情報です。

① ホームページ上の文字をドラッグして選択します。ハイパーリンクがある箇所など、特定の部分だけをドラッグするのが難しい場合があります。そのときは文字情報を多めにコピーして、貼り付けた後で余分な文字を削除するようにしましょう。

② 選択した文字列にマウスを重ね、右クリックします。

③ 現れたショートカットメニューから［コピー］をクリックします。

④ 画面最下部のタスクバーにある Word をクリックして切り替えます。

⑤ 文章を貼り付ける位置をクリックします。

⑥　［ホーム］タブ➔［貼り付け］ボタンの下部（文字あたり）をクリックし、［テキストのみ保持］ボタンをクリックします。

テキスト形式で貼り付けることにより、ホームページで表示されていたときの文字飾りなどがなくなり、Word の基本的な文字スタイルになります。

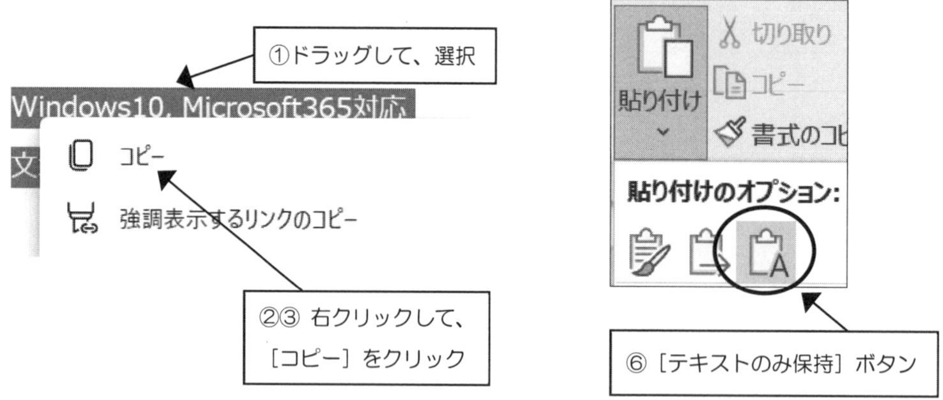


貼り付けるときに、⑥の操作の代わりに、［貼り付け］ボタンの上部をクリック（あるいは［Ctrl］＋［V］）すると、文字飾りなどがホームページ表示のままになり、行間が空いてしまう場合や、ホームページ上の色やフォントのまま貼り付けられる場合があります。貼り付けた後で読みやすくするには編集を要することになります。

### （4）ホームページアドレス（URL）のコピー

ホームページの画像や文章には著作権があります。どこからコピーしてきたのか、URL を同時にコピーしておき、明記するようにしましょう。レポートなどに文章を引用する場合、URL の記載がないと、盗用とみなされる場合がありますので、注意しましょう。

①　アドレスバーの文字列をクリックすると青くなり、選択できます。全体が選択されていない場合には、文字の左端から右端までマウスをドラッグして選択します。
②　選択した URL にマウスを重ね、右クリックします。
③　現れたショートカットメニューの［コピー］を選択します。
④　画面最下部のタスクバーにある Word をクリックして切り替えます。
⑤　URL を貼り付ける位置をクリックします。
⑥　［ホーム］タブ➔［貼り付け］ボタンの下部（文字あたり）をクリックし、［テキストのみ保持］ボタンをクリックします。

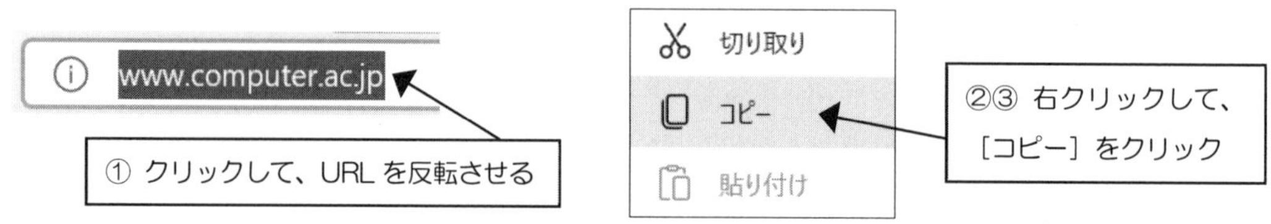


貼り付けるときに、⑥の操作の代わりに、［貼り付け］ボタンの上部をクリック（あるいは［Ctrl］＋［V］）すると、ホームページのタイトルが貼り付けられ、URL 表示ではなくなります。

### ■ ハイパーリンクの削除 ■

URL を貼り付けた直後に改行すると、ハイパーリンクが設定され、文字が青くなり、アンダーラインが付きます。それを避けるために、改行はせずに矢印キーでカーソルを他の場所へ移します。

ハイパーリンクの編集(H)...
ハイパーリンクを開く(O)
ハイパーリンクのコピー(C)
ハイパーリンクの削除(R)

設定されてしまった場合には、ハイパーリンク上で右クリックして、[ハイパーリンクの削除] をクリックすると、ハイパーリンクは解除されます。

URL の貼り付け操作で [Ctrl] ＋ [V] をしてしまい、URL 表示ではなくタイトルが貼り付けられ、ハイパーリンクがかかっているとき、「ハイパーリンクの削除」を行うと URL 情報が失われてしまいます。どのページを見たのか再現できなくなります。URL 表示で貼り付けたことを確認してから、ハイパーリンクの削除を行うようにしましょう。

### ■ URL 以外の情報の記録（日付、組織、キーワードなど） ■

URL を貼り付けるだけでなく、貼り付けた日付なども記録しておきましょう。日々更新されるニュースサイトに限らず、その他のサイトも内容が更新されることがあります。次回閲覧したときにはすでに内容が変わっているかもしれません。いつの時点の情報なのか記録する必要があります。

組織の再編やホームページの整備などによって URL が変更されることがあります。URL の記録だけでは元の情報にたどり着けないことがあります。ホームページの内容のコピーだけではなく、そのホームページの組織名や記事の作成者、ページ内に書かれている見出し、再度検索するときのためのキーワードなども記録しておくとよいでしょう。

レポートを作成するときに参考文献の出典としてホームページを記載する場合、書き方が決まっている場合があります。参照日は重要な情報となりますので、記録しておくようにしましょう。

**ホームページを出典に書くときの記載例**

情報大一郎『コンピューター活用』（○○大学）＜https://www.computer.ac.jp/doc/2020＞（参照日 2022-01-01）

文部科学省『小学校学習指導要領（平成 29 年告示）』＜https://www.mext.go.jp/content/1413522_001.pdf＞（参照日 2022-01-01）

## （5）複写以外のメモ

ホームページからコピーした画像や文字情報に追加して、自分の言葉での説明や感想を書き加えておきましょう。後にその記録のファイルを開いたときにわかりやすいことでしょう。

コピーした内容と、自分が入力した内容を明確に分けておくようにします。たとえば、次のような方法があります。

- **区切りを作ってメモ書きを入力**：複写した下に、「＋」や「～」などの記号を 10～20 文字程度入力します。さらにその下に、「メモ」と書いて、説明や考えたことなどを書き加えます。
- **テキストボックスの利用**：第 6 章で解説するテキストボックスを使います。四角い枠の中に説明を書き加えます。テキストボックスは自由な場所に配置できます。

## 4. 電子メール利用上の注意

電子メールはコンピューターでもスマートフォンでも送受信できます。両方で使えるようにして便利に使いましょう。しかし、簡単に使えるからといって注意を払わないのは危険です。電子メールの重要性および注意点について理解しておきましょう。

### （1）SNS と電子メールの使い分け

SNS は特定の相手だけでなく、不特定への発信も可能なシステムも併せもっています。情報を発信するときに、使い方を誤れば、特定の相手に送る内容を不特定の人へ発信してしまうかもしれません。誰が読む情報なのかをよく確認しながら利用しなければなりません。

特定の相手とのやり取りに SNS のダイレクトメッセージを使うことがあります。相手との連絡先の交換（フォローなど）によって送ることが多いでしょう。相手がその SNS を利用していない場合には、連絡手段にはなりません。

ビジネスの世界では電話や電子メールを使って連絡を取ることが基本になります。名刺に電話番号などとともに、電子メールアドレスを書くのが通例となっています。会社の連絡窓口としてメールアドレスが示されていることも多くあります。SNS を使うことを前提にしているところは多くはありません。

電子メールはコミュニケーションの結果が保存されているために、記録が残ります。ビジネスの現場では重要な点です。また、相手のメールアドレスを見てドメイン（所属）がわかれば、会ったことがない人とのコミュニケーションもスムーズに始めることができます。

### （2）電子メールにおける基本的なマナーやルール

#### ■ 電子メールアドレスの入手 ■

相手のメールアドレスが公表されているものでなければ、相手から直接聞くようにします。

手書きメモを受け取るとき、0（数字）と o（オー）、1（数字）と l（エル）と I（大文字のアイ）、2（数字）と z（ゼット）、-（ハイフン）と _（アンダーバー）などを間違えないように確認しましょう。

#### ■ 所属している組織の電子メールアドレスの利用 ■

学校や会社に属している人が、それぞれの立場においてメールを使うとき、その組織のドメイン名が付いている電子メールアドレスを使うようにします。

個人的に契約しているプロバイダのメールアドレス（特に携帯電話のアドレス）や無料で取得している電子メールアドレスから送ったメールでは、差出人の所属をアドレスから読み取ることができません。

#### ■ 所属と名前を記す ■

誰からメールが来たのか、差出人の表示だけでは相手に伝わらないことがあります。本文にはかならず「所属」と「氏名」を書くようにします。

「所属」というのは相手によって変わります。たとえば、大学の学生がメールを出す場合を考えます。学外の人にメールを出す場合、所属は「○○大学△△学部□□学科」となるでしょう。しかし、学内の先生にメールを出す場合、それだけでは受け取った先生は困るかもしれません。授業についての質問メールであれば、「月曜日 1 時間目◇◇授業」というのが所属になります。

**■　件名を記す　■**

受け取ったメールから得られる最初の情報は件名になります。件名が書かれていなかったら、どのような用件のメールなのか開くまでわかりません。メールアドレスから差出人の予想がつかない場合、迷惑メールと思われて読まれない可能性もあります。

用件の内容が伝わるように工夫しましょう。早く読んでほしいからといって「至急」などのような文言を入れたりするのは、マナー違反です。メールは相手の都合のいい時間に読まれるメディアであることを理解しておきましょう。

**■　ネットワークでのコミュニケーションマナー　■**

メールを送るときには、相手の気持ちになって書かれた文章になっているか、配慮しましょう。電子メールは相手の顔が直接見えないコミュニケーションです。自分も相手も気持ちよくコミュニケーションを行えるように、文章に気を配りましょう。

また、たとえ届いたメールに憤慨するような内容があっても、興奮冷めやらぬうちに怒りのメールを送り返すということはしないようにしましょう。冷静になって対処しましょう。相手と対等な関係であれば、マナーを要求するのもよくありません。

### （３）迷惑メールに注意

メールが普及した弊害として、迷惑メールが送られてくることが挙げられます。受け取ると不快なものですが、無視するのがもっとも賢明な対処法です。メールシステムのフィルター機能によって自動的に削除されたり「迷惑メール」フォルダーに振り分けたりすることができますが、完全ではありません。また、逆に、用件のあるメールが誤って「迷惑メール」フォルダーに振り分けられてしまう可能性もあります。差出人のアドレス、件名、本文内容などで判断しましょう。疑わしいメールであれば、添付ファイルを開いたり、メール本文中にあるリンクをクリックしたりするのはやめましょう。

疑わしいメールを受け取ったら、メール本文の一部をホームページで検索してみるとよいでしょう。同じようなメールを受け取った人が情報を出しているかもしれません。

**■　SNS でメールアドレス公開はしないように　■**

不特定多数が見る SNS に電子メールアドレスを不用意に書き込むことによって迷惑メールが増大するケースがあります。気を付けましょう。

**■　チェーンメール、フィッシングメール　■**

チェーンメールとは、「他の人に知らせてください」「拡散希望」のような文言を入れて、他の人へメール転送を依頼する迷惑メールの一種です。有益な情報らしきものであっても、善意の行為であったとしても、電子メールで広める行為は情報を誤って広げることにつながるため、転送してはいけません。

フィッシングメールとは、たとえば「あなたのカードはロックされました、ID とパスワードを入力して有効にしてください」という内容でパスワードなどを入力させるような迷惑メールの一種です。カード会社が作成したかのようななりすましメールであり、ID やパスワードを盗み取ろうとしています。メール本文にホームページアドレスなどの記述があってもクリックしてはいけません。検索サイトでそのカード会社の Web サイトを探し、確認するようにしましょう。

■　ウィルス対策　■

迷惑メールの中には、ウィルスが付いているものがあります。不用意に添付ファイルを開いてしまうとコンピューターの調子が悪くなったり、情報が盗み取られたりするという被害に遭うことがあります。かならずコンピューターにはウィルス対策ソフトを入れておきましょう。

## 5．電子メールの送受信

現在、コンピューターで利用する電子メールは、ブラウザーで操作するWebメールが主流です。ブラウザーが利用できる機器であればメールの送受信ができます。

メール専用ソフトを利用することも可能なものがあります。スマートフォンでも専用の設定をすることによってメールの送受信が可能となります。

### （1）Microsoft365へのログイン

本書ではMicrosoft365の利用を考えています。すでに取得しているアカウントを利用して、サインインします。

検索サイトで「Microsoft365　ログイン」と検索すると、サインインのサイトが見つかることでしょう。サインインの指示にしたがってメールアドレスとパスワードを入力します。

左上の ⁝⁝⁝ ボタンをクリックすると、機能を切り替えることができます。Outlookというのがメールになります。

なお、ここにWord、Excel、PowerPointが表示されていますが、これらはWeb版であり、ソフトウェア版ではありません。本書の練習ではこれらのWeb版は用いません。

右の図の「Office 365」をクリックすると、ソフトウェア版のOfficeのインストール画面に切り替わります。

OneDriveは保存できる場所になります。クリックして、表示される状態を確認しておきましょう。

■　基本的な操作手順は同じ　■

Microsoft365の画面デザインはしばしば変更されます。また、コンピューターとスマートフォンでは画面構成が違います。そこで、本章ではMicrosoft365に関する詳細な画面を示さず、基本的な操作手順だけを示します。利用している画面構成と操作方法を照らし合わせながら、操作を行いましょう。

また、受信したメールのフォルダーへの分類、自動振り分けなど、細かな操作については、本書では割愛します。利用上の工夫については、ホームページを利用して調べてみましょう。

■　その他のメール環境　■

Microsoft365のWeb上のOutlookを利用せずに、ソフトウェア版のOutlookやWindows標準ソフトの「メール」を利用することによって、メールの送受信をすることもできます。

さらに、Microsoft365を利用されていない方のメールの送受信についても、手順に大きな違いはありません。各自で利用できるメール環境に照らし合わせて操作を行いましょう。

### （2）送信

メールを送信するための操作の基本的な流れは次のとおりです。

① 新規メールを作成します。

② 宛先欄に相手の電子メールアドレスを入力します。
半角英数で入力し、間違えたら全部を再度入力します。電話帳に登録していれば、そこから選択します。宛先に複数のアドレスを入力すれば、同時にメールを送ることができます。

③ 件名を入力します。これから送るメールの内容の概要を見出しにします。

④ 本文を書きます。
所属と氏名を明記します。目の前に相手がいると思って、伝える内容を丁寧に書きましょう。

⑤ 確認します。送信前に時間をとって、入力すべき内容の確認をしましょう。

⑥ 送信します。

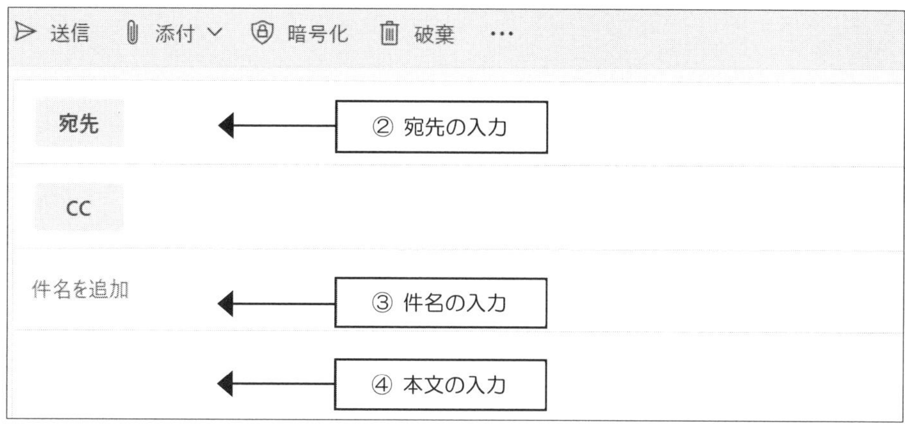


#### ■　送信したら、そのまましばらく待とう　■

［送信］ボタンを押した後、すぐにメールの画面を閉じることなく、数分間待ちましょう。宛先の入力ミスなどにより、相手に届かない場合、送信不能のメッセージが返ってくることがあります。重要なメールであれば、送信不能メッセージが返ってこないことを、数分間待って確認しましょう。

#### ■　メールが届かない　■

送信不能で相手にメールが届かない原因のほとんどはアドレスの入力ミスによるものです。1 文字 1 文字確認しながら入力しましょう。タイプミスだけでなく、「．」の代わりに「，」やスペースを入力してしまう、記号を日本語入力 ON のまま入力して全角文字になっている、というのがよくあるミスです。

入力途中で間違ってしまったら、欄の内容を全部削除してから入力しなおすようにしましょう。

#### ■　署名機能　■

所属と氏名を毎回入力するのではなく、署名機能で自動的にメール本文に付けるようにしておけば入力を忘れることがありません。本文と署名を区切る記号、所属、氏名、電子メールアドレスといった内容を基本として設定しておきましょう。

相手によっては自分の立場が異なり、所属の書き方を変えることがあります。メール作成中に署名の部分を確認し、必要ならば所属の表現を修正して送信するようにしましょう。

■　CC（Carbon Copy）の用い方　■

宛先（To）に指定した相手にメールを送るだけでなく、同じ内容を他の人にも知っておいてもらいたい場合にはCC欄にその人のアドレスを入力します。

宛先はメール送信の主たる相手（返事を期待する）、CCはコピーを送る相手（返事は期待していない場合が多い）というように使い分けられます。

BCC（Blind Carbon Copy）という欄を追加で表示させることができます。BCC欄に入力されたアドレスはメールに記録されません。たとえば、知り合い全員にメールを送りたい場合、宛先に自分のアドレスを入力し、BCC欄に送り先全員の名前を連ねると、知り合い全員のメールアドレスを他の人に知られることなく一斉にお知らせを出すことができます。

### （3）ファイルの添付

メールにファイルを付けて送ることができます。「ファイルを添付する」あるいは「ファイルを挿入する」といいます。多くのソフトウェアでは添付ファイル操作のアイコンにクリップ印が用いられています。

右図の「このコンピューターから選択」は現在使っているコンピューターに保存されているファイルを選択する場合、「クラウドの場所から選択」は Microsoft365 の OneDrive にあるファイルを選択する場合にクリックします。

添付の操作は、エクスプローラーでのファイル一覧からメール作成画面へ、ファイルをドラッグすることによって添付することもできます。

意図してファイルを添付したことを知らせるため、本文にファイルの内容を記した文を書くようにしましょう。

■　作業途中のファイルを送らないように　■

たとえば、Wordで作成した文書ファイルをメールに添付するとき、上書き保存をする前に添付してしまい、未完成の状態のファイルが送られてしまうという失敗があります。

そのようなミスを防ぐために、Word画面は閉じてから添付の操作をするようにしましょう。閉じる操作をすると、最終的な保存の確認がなされます。確実に保存をしてから添付しましょう。

■　相手が開けるファイルを添付　■

ファイルを添付したつもりでも、操作のミスにより、ファイルが自分のコンピューターのどこにあるのかを示す「リンク」が付いているだけになる場合があります。それでは相手は開くことはできません。ファイルのサイズが表示されていることなどを確認して、ファイルそのものがメールに添付されていることを確認しましょう。

また、特殊なソフトウェアで作成したファイルを送る場合、相手がそのファイルを開くことのできるソフトウェアを所有しているかどうか確認する必要があります。もし、相手が開くためのソフトウェアを持っていなかったら、第12章で解説しているPDFファイルに変換してからファイルを添付するなど、工夫が必要になります。

### （4）受信

メールを受信したら、差出人や件名を見て迷惑メールではないことを確認してから、メールを開きましょう。添付ファイルがあるかどうかもチェックしましょう。

「迷惑メール」フォルダーに用件のあるメールが誤って入ることがあります。ときどき確認するようにしましょう。

**■　返信、全員に返信　■**

大事な用件のメールを受け取ったときや返事を求められたときには、「返信」を書きます。元のメール文も付けて返信をすれば、どのメールに対する返事なのかわかりやすくなります。

複数名宛てに送られたメールであった場合、送ってきた人だけに返信するのではなく、「全員に返信」をするようにします。

返信もメール送信と同様、宛先の確認、本文に所属と氏名を書くなど、受け取る相手のことを考えて送るようにしましょう。

件名には、送られてきた件名の頭に「Re: 」と付くことがあります。それ以外はできるだけ変更せず、どの用件のメールに対する返信なのかわかるようにしておきましょう。

**■　転送　■**

届いたメールを他の人へ転送することができます。転送相手への伝言文を入力することができますが、転送する元のメール文を変更しないように気を付けましょう。

**☰☰☰ 練習問題 ☰☰☰**

（1）行ってみたい観光地について調べてみよう。現在いる場所からの交通手段、周辺の地図、風景の写真、解説文、その内容が掲載されていたURLなどをWordにコピーしてみよう。
海外の観光地を調べる場合には、日本国内のホームページだけでなく、海外のホームページを参照してみよう。つづりがわからない場合にも検索して調べてみよう。

（2）これから勉強してみたい事柄について、ホームページを使って調べてみよう。調べた内容、ホームページアドレスを Word へコピーし、さらに自分の意見を追加して、簡単なレポートを作成してみよう。コピーした部分と自分の意見が明確に区別できるように工夫しましょう。

（3）次のテーマについて、ホームページを利用して調べ、内容を Word へまとめてみよう。コピーするだけでなく、自分の意見も付記しておこう。

- ✧　電子メールと SNS の違い
- ✧　携帯機器とコンピューターでのメールの使い分け
- ✧　ネット社会におけるなりすまし行為による被害と対策
- ✧　著作権、肖像権、パブリシティ権などの権利

（4）所属する組織で提供されているメール環境を調べてみよう。ウェブ上での利用方法だけではなく、スマートフォンでの設定もできる場合もあるでしょう。簡単にメールチェックできるようにして、利用機会を増やすように工夫しましょう。

# 第3章　文章入力と書式設定

ワープロを使って簡単な文書を作成し、編集作業や文字飾りを練習してみましょう。

## 1．Word の基本画面

第 1 章の「（3）ソフトウェアの起動」（p.5）を参考にして Word を起動しましょう。

起動直後はテンプレートという文書形式の見本が多く表示されますが、そのまま［Enter］キーを押すと、左上の「白紙の文書」が選択されて、白紙のページが現れます。

**■　注意　■**

本書で使う Word はソフトウェア版です。ブラウザ上で動く Web 版 Word では機能が十分ではないため、本書での練習には適していません。ソフトウェア版を利用しましょう。比較のために、それぞれの左上の部分を挙げておきます。どちらを使っているか、確認しましょう。

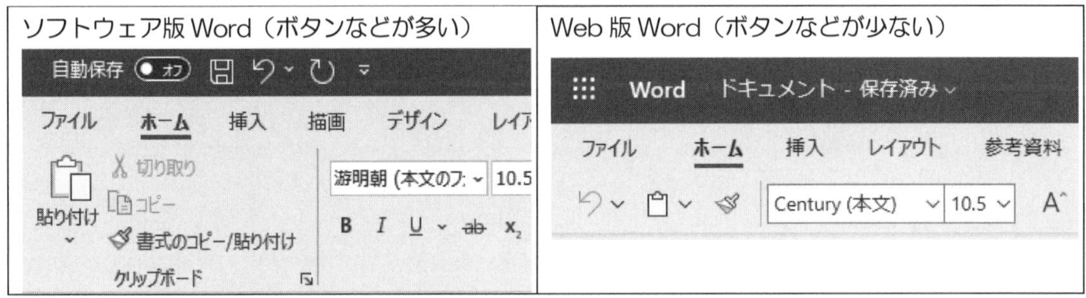


**■　タブ、リボン、グループ、ボタン　■**

操作内容はタブをクリックして切り替えます。画面上部にあるリボンと呼ばれる帯の部分にボタンがあり、さまざまな操作ができます。ボタンはグループ分類されています。Word のウィンドウの幅が狭くなると、ボタンが小さくまとめられた省略表示になることがあります。幅を広くして利用しましょう。

下の図は Word 起動後の［ホーム］タブが表示されている状態です。文章作成中によく利用する文字の種類の変更や検索機能などがまとめられています。

［挿入］タブには文章に追加するもの（図、表、ヘッダーなど）がまとめられています。［レイアウト］タブには用紙の使い方を設定する書式がまとめられています。これら 3 つのタブは文書を作成するときにもっともよく利用するタブになります。クリックして確認しておきましょう。

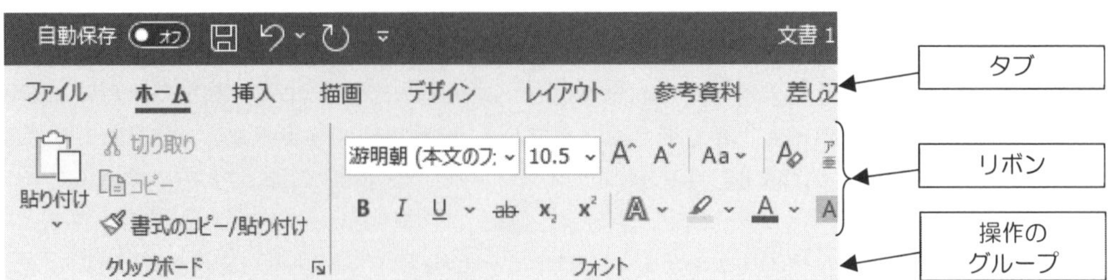

■　リボンの表示／非表示　■

画面右上の［リボンの表示オプション］ボタンでは、タブを含めた表示／非表示を切り替えることができます。

慣れないうちはタブやリボンがすべて見えるように、[タブとコマンドの表示］の状態にしておきましょう。

■　［ファイル］タブ　■

左端の［ファイル］タブには、保存や印刷などの操作、Word 自身の詳細設定などの操作がまとめられています。後で扱う Excel や PowerPoint においてもほぼ同様です。

■　ミニツールバー　■

文字列を選択すると、文字飾りによく使われる操作ボタンをまとめた下図のようなミニツールバーが表示されます。活用してすばやく書式を整えましょう。

慣れないうちは文字を選択したときに、自動的に現れたミニツールバーの中のボタンをクリックしてしまい、思わぬ操作ミスをするかもしれません。マウス操作はあわてずにするようにしましょう。あやまってクリックしてしまった時には、p.32 の「元に戻す」([Ctrl］ ＋ ［Z])を活用しましょう。

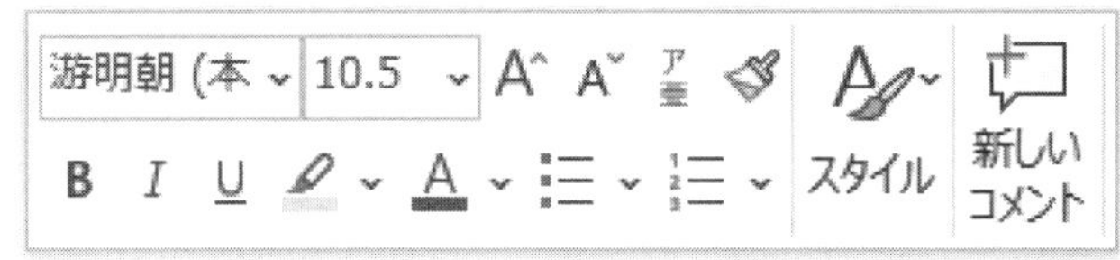


■　画面の調整　■

［表示］タブに Word 画面をどのように表示させるのかの操作がまとまっています。画面の状態が変わってしまった場合、ここを確認しましょう。通常は［印刷レイアウト］の状態で作業を進めます。

「表示」グループの［ルーラー］のチェックを ON にすると、画面上部に定規のような目盛りが表示されます。「6.（6）インデント」(p.39）のときに表示しておくと便利でしょう。[グリッド線］のチェックを ON にすると、画面に薄いガイドの線が表示されます。このガイド線は印刷されません。

■　画面の拡大・縮小　■

［Ctrl］キーを押しながら、マウスのホイールを回転させると、画面の拡大／縮小をすることができます。細かな作業をするときは拡大し、ページ全体を見るときは縮小します。

画面右下に現在の画面の拡大の大きさが表示されています。

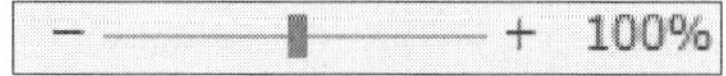

## 2．文章の入力

枠下の「(1）入力補助機能」を読んでから、次の研究会の案内文を入力してみましょう。

文中の網かけの部分は注意事項です。入力してはいけません。

↵は［Enter］キーを押して改行する位置を示したものです。これ以外のところで改行しないようにします。

入力している間はマウスには触らないようにしましょう。

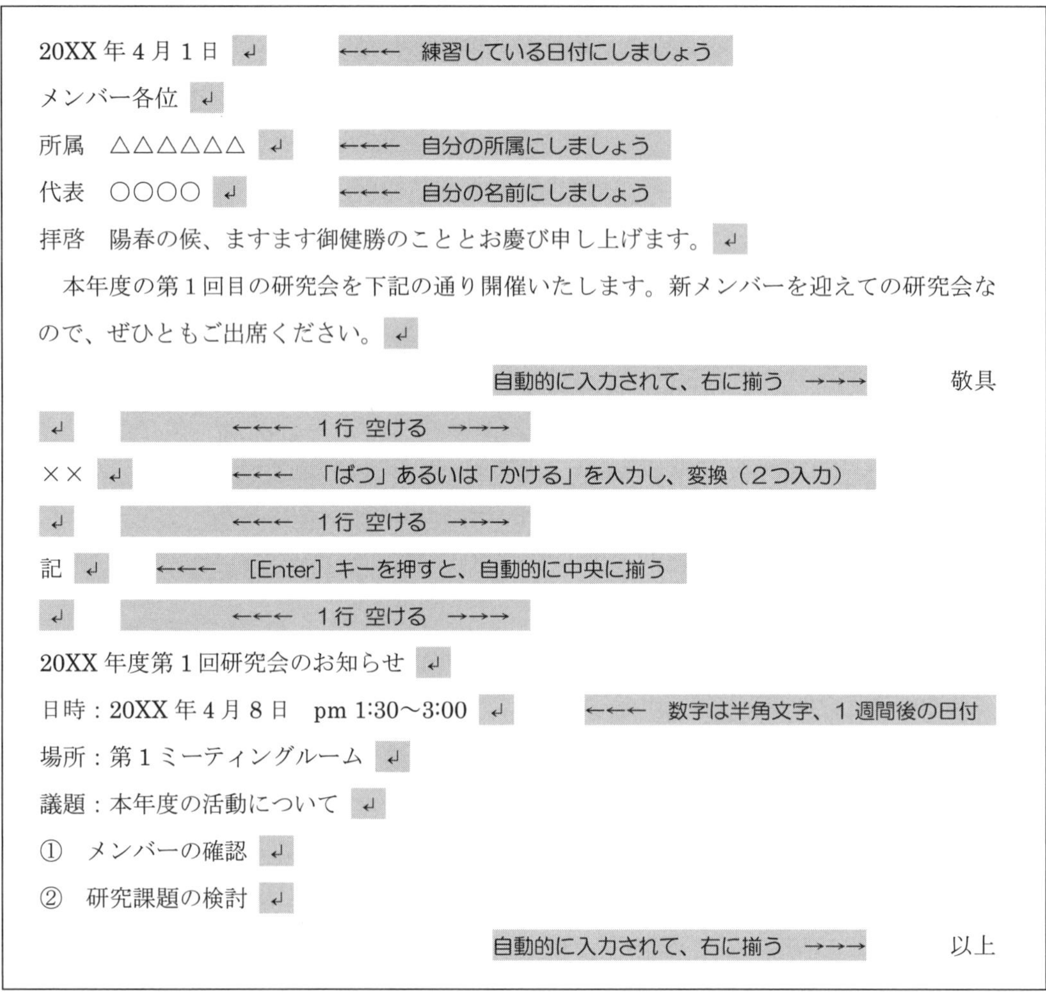

20XX 年 4 月 1 日 ↵　←←←　練習している日付にしましょう

メンバー各位 ↵

所属　△△△△△△ ↵　←←←　自分の所属にしましょう

代表　○○○○ ↵　←←←　自分の名前にしましょう

拝啓　陽春の候、ますます御健勝のこととお慶び申し上げます。↵

　本年度の第 1 回目の研究会を下記の通り開催いたします。新メンバーを迎えての研究会なので、ぜひともご出席ください。↵

自動的に入力されて、右に揃う　→→→　　敬具

↵　←←←　1 行 空ける　→→→

×× ↵　←←←　「ばつ」あるいは「かける」を入力し、変換（2 つ入力）

↵　←←←　1 行 空ける　→→→

記 ↵　←←←　[Enter] キーを押すと、自動的に中央に揃う

↵　←←←　1 行 空ける　→→→

20XX 年度第 1 回研究会のお知らせ ↵

日時：20XX 年 4 月 8 日　pm 1:30～3:00 ↵　←←←　数字は半角文字、1 週間後の日付

場所：第 1 ミーティングルーム ↵

議題：本年度の活動について ↵

①　メンバーの確認 ↵

②　研究課題の検討 ↵

自動的に入力されて、右に揃う　→→→　　以上

### (1) 入力補助機能

Word には入力作業を助けてくれる機能があります。この文章では次のようなものが働きます。

- 「拝啓」と入力し、スペースを空けるか改行すると、「敬具」が右揃えで自動的に入力されます。
- 「記」を入力して改行すると自動的に中央揃えとなり、「以上」が右揃えで自動的に入力されます。
- 「①」を入力すれば、すぐに段落番号の機能が働きます。そのまま続いて「メンバーの確認」と入力し、改行すれば、次の「②」が自動的に表示されます。

  さらに次の「③」が表示されたとき、すぐに［Enter］キーを押せば「③」は消えます。

■ その他の入力補助機能の一例 ■

- 行頭に「●」などを付けて入力すると、箇条書きとして扱われることがあります。改行したとき、次の行にも「●」が表示されます。不要であれば、段落番号での対処方法と同様に、［Enter］キーまたは［Back Space］キーで消します。
- 文章の先頭に英単語を入力するなどしてアルファベットで始まるとき、1 文字目は小文字で入力しても、大文字に変換されます。
- 特定の文字の組み合わせを入力すると、自動的に記号などに変換されます。たとえば、「:)」と入力すると、「😊」に変換されます。

以上の他にもあります。「オートコレクト」「オートフォーマット」というキーワードをもとにヘルプなどを見て確認してみましょう。特に、解除する方法を調べるとよいでしょう。

■ 挿入モードと上書きモード ■

文字を入力すると、入力されていた文字が消えていくことがあります。この状態は上書きモードになっています。このモードは表示されていないことがあります。モードを表示しましょう。

Word 画面の下部の細い帯（ページ数が書いてある部分）を右クリックして、メニューにある「上書き入力」をクリックします。「挿入モード」あるいは「上書きモード」と表示されるようになります。

［Insert］キーを押して 2 つのモードを切り替えます。通常は「挿入モード」にしておきます。

- **挿入モード**：文字が挿入されていき、すでにあった文字がずれていく状態
- **上書きモード**：文字を入力すると、すでにあった文字が消えていく状態

4/16 ページ　12651 単語　日本語　

## （2）再変換機能

すでに確定している文字を選択し、スペースキーを押すと、再度、変換の操作を行うことができます。変換ミスをしているときに便利な機能です。日本語入力が ON のときに使える機能です。Word や PowerPoint で利用できます。

変換ミスではなくタイプミスしている場合には、この機能は使わず、誤字を削除してから入力しなおすことになります。

## （3）キーボードによるカーソル移動

カーソルを移動させるためにはマウスで目的の場所をクリックしてもできるのですが、キーボードを使ってカーソルを移動させると、マウス操作をしないので、効率よく入力作業を続けることができます。

次のようなキーボードによるカーソルの移動方法を使えるようになりましょう。

| 用いるキー | 移動する場所 |
|---|---|
| 矢印キー（［→］、［←］、［↓］、［↑］） | 上下左右へ 1 文字ずつ移動する |
| ［Home］キー | 現在の行の最初（左端）へ移動する |
| ［End］キー | 現在の行の最後（右端）へ移動する |
| ［Ctrl］キーを押しながら［Home］キー | 文章の最初へ移動する |
| ［Ctrl］キーを押しながら［End］キー | 文章の最後へ移動する |
| ［Page Up］キー | 前へスクロールして移動する |
| ［Page Down］キー | 次へスクロールして移動する |

■　ショートカットキー　■

［Ctrl］キーと組み合わせてキーを押すことで特定の操作を行う機能があります。Word 特有のものではありません。使えるようになってコンピューター操作をすばやく行いましょう。

右手でマウスでの選択操作、左手でショートカット操作をすると便利です。

| | |
|---|---|
| ［Ctrl］＋［X］ | 切り取り |
| ［Ctrl］＋［C］ | コピー |
| ［Ctrl］＋［V］ | 貼り付け |

| | |
|---|---|
| ［Ctrl］＋［S］ | 上書き保存 |
| ［Ctrl］＋［A］ | すべて選択 |
| ［Ctrl］＋［Z］ | 元に戻す（操作前に戻る） |

## 3．保存

コンピューターは常に安定して稼働するという保証はありません。作業内容がなくなってしまわないように、作業中、5～10 分ごとに上書き保存（［Ctrl］＋［S］）をするようにしましょう。

### （1）名前を付けて保存

現在作成している文章をファイルにして保存しましょう。

名前を付けてファイルを保存します。内容がわかるような、他のファイルと区別できるような、適度な長さのファイル名を考えましょう。

①　［ファイル］タブ➔［名前を付けて保存］をクリックします。
初めて保存するときには［Ctrl］＋［S］でも「上書き保存」にはならずに「名前を付けて保存」となります。次のようなウィンドウが出ることがあります。「その他のオプション」をクリックして、次に進みます。

OneDrive を使わず「ドキュメント」フォルダーなどに保存する場合には、「その他のオプション」をクリックして、②へ進もう。

OneDrive に保存する場合でも、②の操作へ移ったほうがいいでしょう。

②　［参照］をクリックして詳細な保存画面を表示させます。

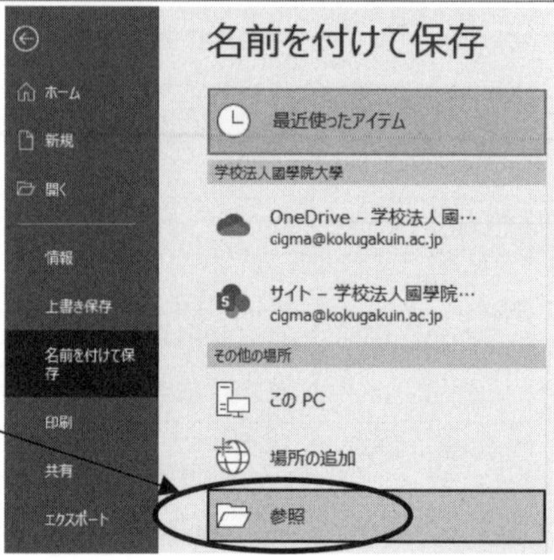

②［参照］をクリックして、次の画面へ

③　「ファイル名」の欄にファイルの名前を入力します。名前を確定するときに［Enter］キーを押しすぎると次の④の確認をせずに⑤が実行されてしまいます。

④　保存する場所が「ドキュメント」であることを確認します。
保存する場所を変える場合には、左側の一覧から保存場所を指定します。

⑤　［Enter］キーを押します（または［保存］ボタンをクリックします）。しばらくすると、保存作業が完了します。Word 画面上部の中央にファイル名が表示されます。

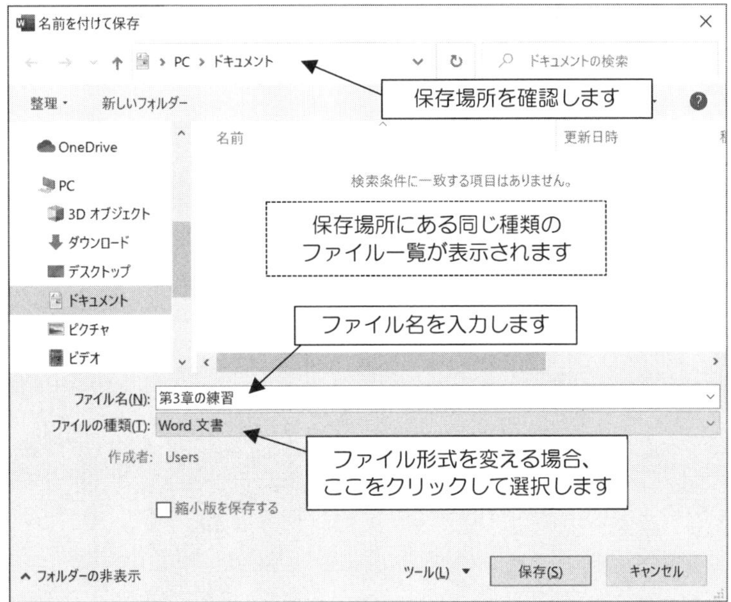


名前を付け間違えた場合や、保存場所を間違えたときには、第 12 章のファイルの管理を参考にしてファイル名を修正します。あるいはファイルが 2 つになっても問題がなければ、再度、「名前を付けて保存」を行えば対処できます。

Word2003 以前のファイル形式（.doc 形式）で保存したり、PDF ファイルを作成（p.132）したりするときなどは、［ファイルの種類］からファイルの形式を選択してから保存します。

### ■　OneDrive の利用　■

Microsoft365 のサービスには、保存場所として OneDrive が提供されています。インターネットにつながる機器であれば、パソコンでもスマートフォンでも保存したファイルを使うことができます。

OneDrive にはいくつか種類があります。本書の利用環境は組織で契約している Microsoft365 を想定しています。筆者の大学では「OneDrive - 学校法人國學院大學」と表示されるものになります。個人で Microsoft アカウントを無料で取得した場合に使える「OneDrive」あるいは「OneDrive - Personal」と表示されるものがあります。それらが同時に表示されることがあります。OneDrive を利用する場合には、見間違えないように気を付けましょう。

### （2）上書き保存

すでに名前が付けられている文書を編集した場合、［ファイル］タブ➔［上書き保存］をクリックすれば同じ名前で上書きされます。10 分に一度は上書き保存をするようにしましょう。

キーボードで［Ctrl］＋［S］とすると、左手だけですばやく上書き保存ができます。

## （3）ファイルを開く

保存してあるファイルを読んだり、入力作業を続けたりするためにファイルを開きます。

➢ **ファイル一覧から開く方法**

① ファイルが「ドキュメント」フォルダーに入っているとき、ファイルを一覧するソフトウェア「エクスプローラー」を使って、「ドキュメント」フォルダーを開きます。

② 開きたいファイルをダブルクリックします。

➢ **起動している Word からファイルを開く方法**

① ［ファイル］タブ➔［開く］をクリックします。右のほうにファイルの一覧が表示されていて、開きたいファイルがあれば、クリックして開きます。

② 一覧にない場合、［参照］をクリックして、保存している場所を指定し、目的のファイルをクリックし、［開く］ボタンをクリックします。

# 4．ページ設定

用紙の使い方を設定します。細かく設定する必要がないときには、［レイアウト］タブの「ページ設定」グループにある［余白］ボタン、［印刷の向き］ボタン、［サイズ］ボタンを利用して、あらかじめ決められた設定を選択することができます。

ここでは、詳細な設定を説明します。

## （1）プリンターの確認

A4 サイズ以外の用紙を利用する場合や、余白を狭くする場合など、プリンターによって設定内容が異なることがあります。用紙の設定をする前に、プリンターの確認を行いましょう。

［ファイル］タブ➔［印刷］をクリックします。表示されているプリンターを確認します。印刷予定のプリンターを変更する場合には、プリンター名のところをクリックし、変更します。

確認できれば、［Esc］キーを押して、元の画面に戻ります。

■ **注意** ■

一番上の［印刷］ボタンをクリックすると、印刷が始まります。クリックしないようにしましょう。

## （2）ページ設定

ページ設定の画面で、1 枚の用紙にどのように文字を配置するのかを設定します。

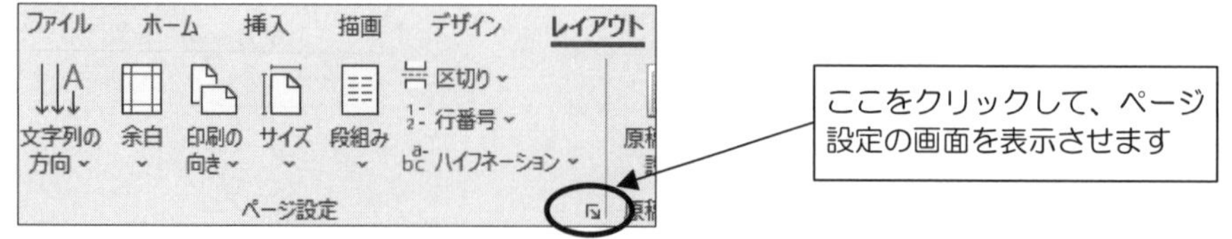


［用紙］タブ、［余白］タブ、［文字数と行数］タブの順番に設定していくといいでしょう。すべての設定が終われば［OK］ボタンをクリックして、ページ設定を終わります。

■　［用紙］タブ　■

「用紙サイズ」が印刷したい用紙のサイズと違うときには用紙サイズ欄にある ⌄ をクリックして、目的の用紙サイズのところでクリックします。

最近ではA4サイズを使う機会が多くなっています。ちなみに、本書はB5サイズです。

■　［余白］タブ　■

用紙の周りに設ける余白の大きさを決めます。それぞれの欄の▲や▼をクリックして、数字を変更します。通常の文章では 15mm～30mm 程度の余白にするとよいでしょう。

「印刷の向き」の「縦」「横」で用紙を縦に使うか横に使うか決めます。

１枚１枚の書類ではなく、本書のような中央でとじる冊子体を作成するとき、「印刷の形式」を設定します。「見開きページ」にすると、奇数ページと偶数ページとを順に作成するようになり、余白は左と右ではなく内側と外側になります。「袋とじ」にすると、印刷後の用紙を折ることによって、本の形式になります。プレビューで状態を確認してみよう。

■　［文字数と行数］タブ　■

１行に並べる「文字数」と、１枚の紙の「行数」を決めます。厳密に決める必要のない文章の場合は「標準の文字数を使う」で問題ないでしょう。A4サイズでは「行数だけを指定する」にして 40 行前後にしておくと読みやすいようです（ただし、そのときの文字の大きさは 10.5 ポイント前後）。

１ページの文字数を決めておきたいときには「文字数と行数を指定する」を選びます。たとえば、文字数は 40、行数は 40 にすると 1600 文字になり、400 字詰め原稿用紙４枚分になります。

文字数や行数の最大数は余白によって決まります。たとえば、１ページの行数を増やしたい場合、先に余白の設定を行い、上下の余白を狭くすれば、行数を増やすことができます。

◆◇◆　練習　◆◇◆　A4 用紙、余白を上下左右それぞれ 30mm、行数を 30 行に設定しましょう。

■ 縦書き ■

縦書きの文書を作成する場合、次のように設定してみましょう。

［文字数と行数］タブの一番上の箇所で「縦書き」を選択します。その設定をすると、［余白］タブの「印刷の向き」は「横」になります。

本書は横書きの内容で説明をしています。横書きでは文字の並びは「左右」ですが、縦書きでは「上下」です。「右揃え」は「下揃え」などのように、読み替えて利用しましょう。

■ フォントによる行間の違い ■

游明朝、游ゴシック、メイリオなどのフォントは、他のフォントに比べて文字の大きさによって最低の行間が大きいため、指定の行数にならないことがあります。

行間が空いてしまった場合、後に解説する「6．（7）行間の変更」(p.40) で個別に修正する、フォントをMS明朝やMSゴシックに変更する、あるいは文字を小さくする、などで対処しましょう。

## 5．基本的な編集作業

### （1）文字の選択

- **文字列の選択**：マウスで文字列をドラッグして選択します。
- **行全体の選択**：左余白でクリックすると行全体が選択できます。複数行にわたって選択するときには、左余白の部分で下向きにドラッグします。
- **文章の選択**：
  ［Ctrl］キーを押しながらクリックすると、1つの文を選択できます。
  ［Ctrl］キーを押しながらドラッグすると、複数の文を選択できます。
  ［Ctrl］キーを押しながら［A］キーを押すと、文章すべてを選択できます（［Ctrl］＋［A］)。
- **選択の解除**：文章中でマウスをクリックすると、選択が解除されます。

■ 注意 ■

文字を選択したとき、ミニツールバーが表示されます。また、選択しているところでドラッグすると、文字が移動してしまいます。

文字を選択しているときには、マウスの操作に気を付けましょう。

### （2）編集記号の表示

段落の終わりや空白行に段落記号 ↵ が表示されています。段落の最終場所で改行していることを示す編集記号です。

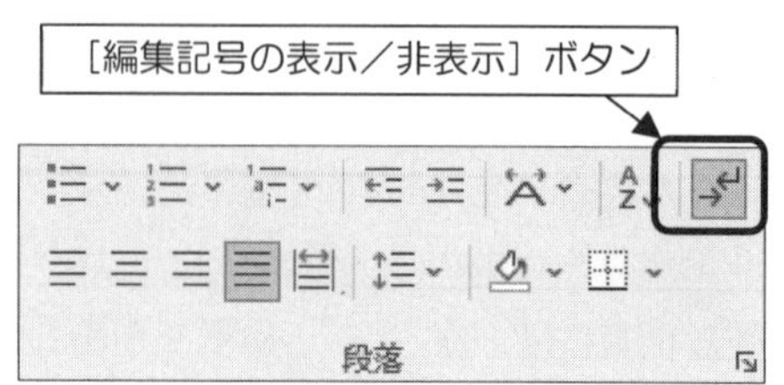


段落記号は常に見えていますが、他の編集記号は見えません。スペースやTab記号、改ページ記号などが見えているとわかりやすく編集作業が行えます。

［ホーム］タブ➔［編集記号の表示／非表示］ボタンをクリックすると、表示と非表示を切り替えることができます。

編集記号は、印刷されませんので、安心して作業を続けましょう。

### （３）コピー&貼り付け（コピー&ペースト）

一度入力した文字列は、コピーして別の場所でも使うことができます。コピーした後、貼り付け（ペースト）を行います。

①　コピーする文字列の範囲を選択します。
②　選択した箇所で右クリックし、現れたメニューから［コピー］をクリックします。
　あるいは、マウスを使わずに、［Ctrl］キーを押しながら［C］キーを押します（［Ctrl］＋［C］）。
③　貼り付ける場所にカーソルを移動します。
④　右クリックし、「貼り付けのオプション」の左端［元の書式を保持］ボタンをクリックします。
　あるいは、［ホーム］タブの［貼り付け］ボタンをクリックします。
　あるいは、［Ctrl］キーを押しながら［V］キーを押します（［Ctrl］＋［V］）。

右手で①と③の作業をマウスで行い、左手で②と④をキーボードで行うようにすると、すばやく操作できるようになります。

◆◇◆　練習　◆◇◆　「×」を１文字だけコピーし、同じ場所で④の操作のみ繰り返し、「×」を 25 個程度、貼り付けましょう。

### （４）移動

入力した文章を別な場所へ移動させるには、次の２つの方法があります。

**■　メニューやキー操作で移動（カット&ペースト）　■**

「（３）コピー&貼り付け」と違うのは②だけです。

①　移動する文字列の範囲を選択します。
②　選択した箇所で右クリックし、現れたメニューから［切り取り］をクリックします。
　あるいは、マウスを使わずに、［Ctrl］キーを押しながら［X］キーを押します（［Ctrl］＋［X］）。
③　貼り付ける場所にカーソルを移動します。
④　右クリックし、「貼り付けのオプション」の左端［元の書式を保持］ボタンをクリックします。
　あるいは、［ホーム］タブの［貼り付け］ボタンをクリックします。
　あるいは、［Ctrl］キーを押しながら［V］キーを押します（［Ctrl］＋［V］）。

**■　マウスで移動（ドラッグ&ドロップ）　■**

移動させる範囲を選択します。マウスのボタンを一度離した後、選択している部分にマウスを合わせてドラッグして、移動先でボタンを離す（ドロップする）と、移動します。

この操作は注意して行わないと文章がばらばらになります。操作に失敗したら「元に戻す」（［Ctrl］＋［Z］）をしましょう。

◆◇◆　練習　◆◇◆　「20XX 年度第１回研究会のお知らせ」を「代表」の下の行へ移動しましょう。左余白でクリックすることで１行全体を選択して切り取り、「拝啓」の左にカーソルを位置させて貼り付けるとできます。

## ６．文字飾り

入力した研究会の案内の文章を使って、読みやすく書式を整えていきましょう。

### （１）揃え

右図の３つのボタンを使います。

- **中央揃え**：行の中で中央に揃えます。
- **右揃え**：右に揃えます。
- **両端揃え**：文章の両端を揃えます。

空白（スペース）で位置を調整すると、ページ設定や文字の大きさを変更したときに、位置がずれることがあります。揃えのボタンを使うと、ページ設定を変更してもずれることはありません。

通常、最初は両端揃えになっています。左揃えのボタンもありますが、ほとんど使いません。

◆◇◆　練習　◆◇◆　次の揃えをしてみましょう。

日付を右揃えにします。

区切りで 25 文字程度入れた「×××××・・・」の行を中央揃えにします。

「記」が中央になければ中央揃え、「敬具」と「以上」が右になければ右揃えにします。

### （２）文字サイズの変更

ミニツールバーまたは[ホーム]タブで変更します。最初は 10.5pt（pt はポイントと読む）という大きさが使われています。ちなみに、本書の本文の文字は 9pt です。

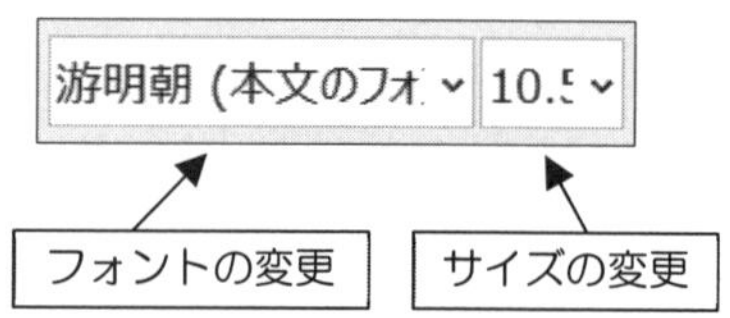


◆◇◆　練習　◆◇◆　「記」以降を 12pt にしましょう。

### （３）フォントの変更

見出しなどは、本文とは違うフォント（文字の種類）を使って目立たせましょう。

日本語用のフォントは英数字にも使えますが、英数字用のフォントは日本語には使えません。

本文の中では強調する文字のフォントを変更する場合もあるでしょうが、使いすぎると読みにくくなります。レポートや論文などでは、基本的な「明朝」あるいは「ゴシック」だけを利用するようにして、華美なフォントは使わないようにしましょう。

◆◇◆　練習　◆◇◆　「記」以降をすべて選択し、日本語フォント「MS ゴシック」、続いて英数字フォント「Arial」を設定しましょう。

### （４）スタイルの適用

見出しについては、「スタイル」グループの中から［表題］や［見出し］などを選択すると、あらかじめ設定されているフォントやサイズに変更することができます。ミニツールバーの右端の［スタイル］をクリックしても選択できます。

目的のスタイルが見えていないときには、ボタンをクリックして表示させます。

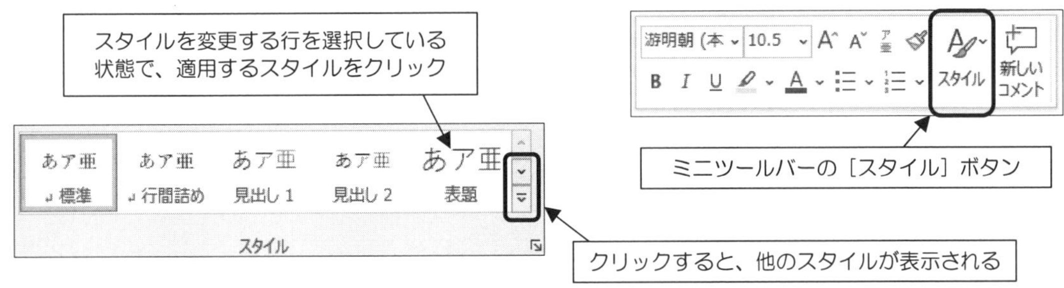


◆◇◆　練習　◆◇◆　「20XX 年度第 1 回研究会のお知らせ」に［表題］スタイルを適用しよう。

## （５）箇条書き

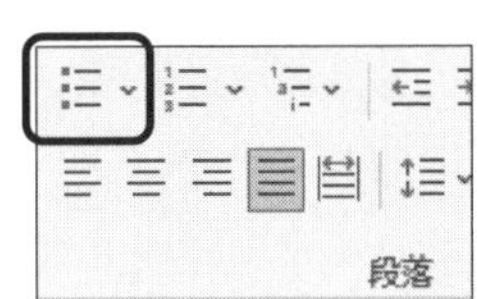


右図のボタンにより、行頭文字（●や✓など）が付いて揃い、箇条書きになります。行頭文字は ⌄ をクリックすれば選択することができます。

逆に、入力時に行頭文字に相当する記号を付けて入力したために箇条書きになってしまった場合に、このボタンで解除することができます。

◆◇◆　練習　◆◇◆　日時～議題の 3 行を選択し、箇条書きにしてみよう。

## （６）インデント

段落の左端および右端の位置を調整します。

調整する段落の中にカーソルを位置させ、［レイアウト］タブにあるインデントの設定欄を使います。左および右の欄の数を ⌃ あるいは ⌄ を用いて数値を増減させます。数値で動かす大きさが示されるので正確でわかりやすい方法です。

左端のインデントは［ホーム］タブにある［インデントを減らす］ボタンまたは［インデントを増やす］ボタンでも設定できます。段落の先頭でスペースを入れると、段落の先頭行だけインデント機能が働く場合もあります。

［表示］タブ➔［ルーラー］のチェックを ON にしていれば、画面上部に定規のようなルーラーが表示されています。インデントマーカーをマウスでドラッグすれば感覚的な操作でインデントの設定することができます。しかし、マウス操作が細かくなり、別々の段落を同じところに合わせるのはかなり難しくなります。

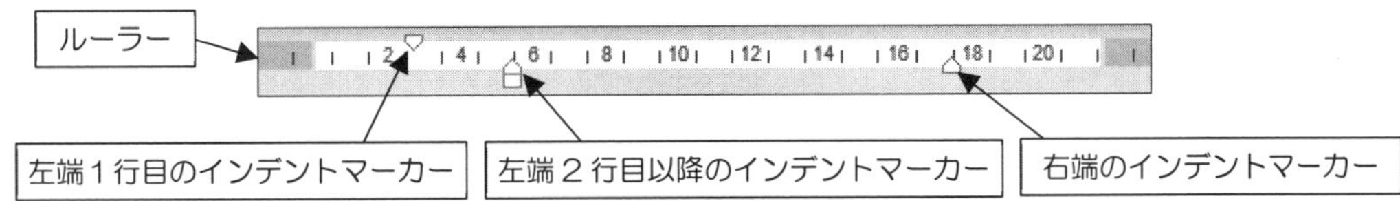


◆◇◆　練習　◆◇◆　所属と代表、および記の内容（日時～②の行）を揃えましょう。

所属と代表の行を、インデントを使って右端になるくらいまで移動させます。

日時～議題の 3 行をインデントで中央付近へ移動させましょう。3 行の左端が揃うように、3 行を同時に選択し、一度に設定します。

段落番号①と②の左端を、すぐ上の「本年度」の「本」に合わせましょう（p.41 の完成例参照）。

## （7）行間の変更

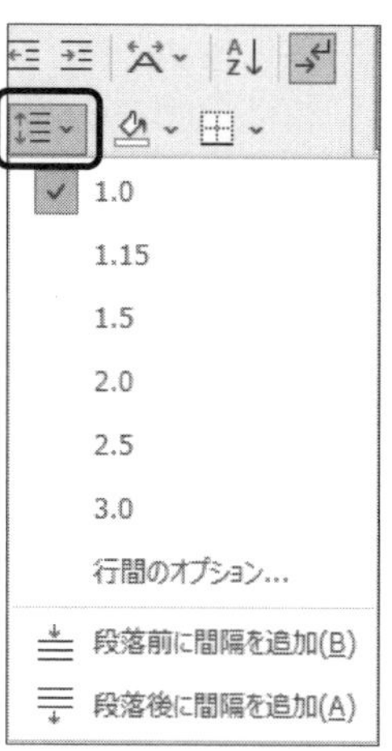


ページ設定での行数によって行の間隔は決まっていますが、部分的に変えることができます。

操作を行う前に、設定する段落を選択します。続いている複数の段落を一緒に設定するときには、マウスをドラッグして選択します。1 つだけの段落であれば、その段落をクリックしてカーソルを位置させます。

行間を広げる場合、右図の［ホーム］タブの「段落」グループにある［行と段落の間隔］ボタンを利用すれば簡単に広げることができます。

行間を狭くする場合や細かく設定する場合には、次の段落の設定画面を表示させます。

**■　段落の設定画面の表示　■**

設定する段落で右クリックします。出てきたメニューから［段落］をクリックします。

または、［ホーム］タブの下図の箇所をクリックします。

設定する行を選択していることを確認しましょう
ここをクリックして段落の設定を行います

**■　段落の設定　■**

右図で段落の設定を行います。行間を任意の間隔に変えるためには、「行間」を「固定値」にし、「間隔」に数値で指定します。

揃えやインデントを設定することもできます。

**■　［1 ページの行数を指定時に文字を行グリッド線に合わせる］チェック　■**

ページ設定のとおりに行間を合わせるかどうかを決めるものです。このチェックを外すだけで行間を狭める効果があります。文字をたくさん詰め込みたいときや、テキストボックスを利用するときに便利です。

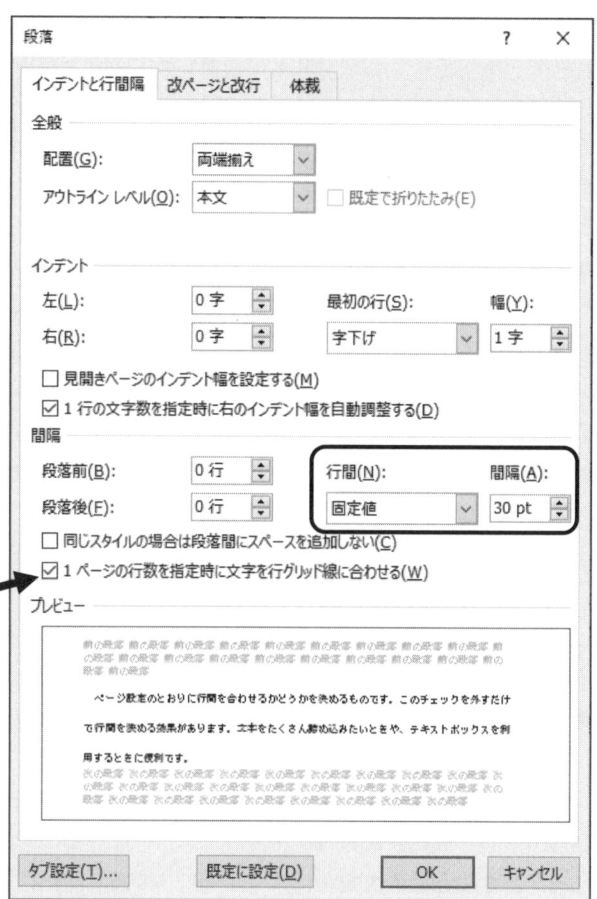


**◆◇◆　練習　◆◇◆**

日時～②の 5 行について、段落の行間を固定値、30pt にしましょう。

■　**完成例**　■

ここまでの練習内容ができれば、おおよそ次のようなレイアウトになっていることでしょう。

20XX 年 4 月 1 日

メンバー各位

所属：　△△△△△△△

代表：　○○　○○

# 20XX 年度第 1 回研究会のお知らせ

拝啓　陽春の候、ますます御健勝のこととお慶び申し上げます。

本年度の第 1 回目の研究会を下記の通り開催いたします。新メンバーを迎えての研究会なので、ぜひともご出席ください。

敬具

××××××××××××××××××××××××××

**記**

- **日時：20XX 年 4 月 8 日　pm 1:30～3:00**
- **場所：第 1 ミーティングルーム**
- **議題：本年度の活動について**
  - ①　**メンバーの確認**
  - ②　**研究課題の検討**

**以上**

## 7．印刷

印刷の操作を開始する前に、文書内容の確認、プリンターの状態の確認などを十分に行いましょう。また、組織やグループのプリンターを使うときには枚数や印刷内容に何らかの制限がかけられていることがあります。組織内でのルールをよく理解して印刷するようにしましょう。

### （1）印刷画面（プレビューと設定）

［ファイル］タブ➔［印刷］をクリックします（あるいは［Ctrl］＋［P］)。

画面右半分に印刷されるイメージが見えます。ページが複数にわたっている場合にはスクロールして全体を確認しましょう。右下の画面の倍率を変えて見やすくしてもよいでしょう。

元の画面に戻るためには、［Esc］キーを押します。

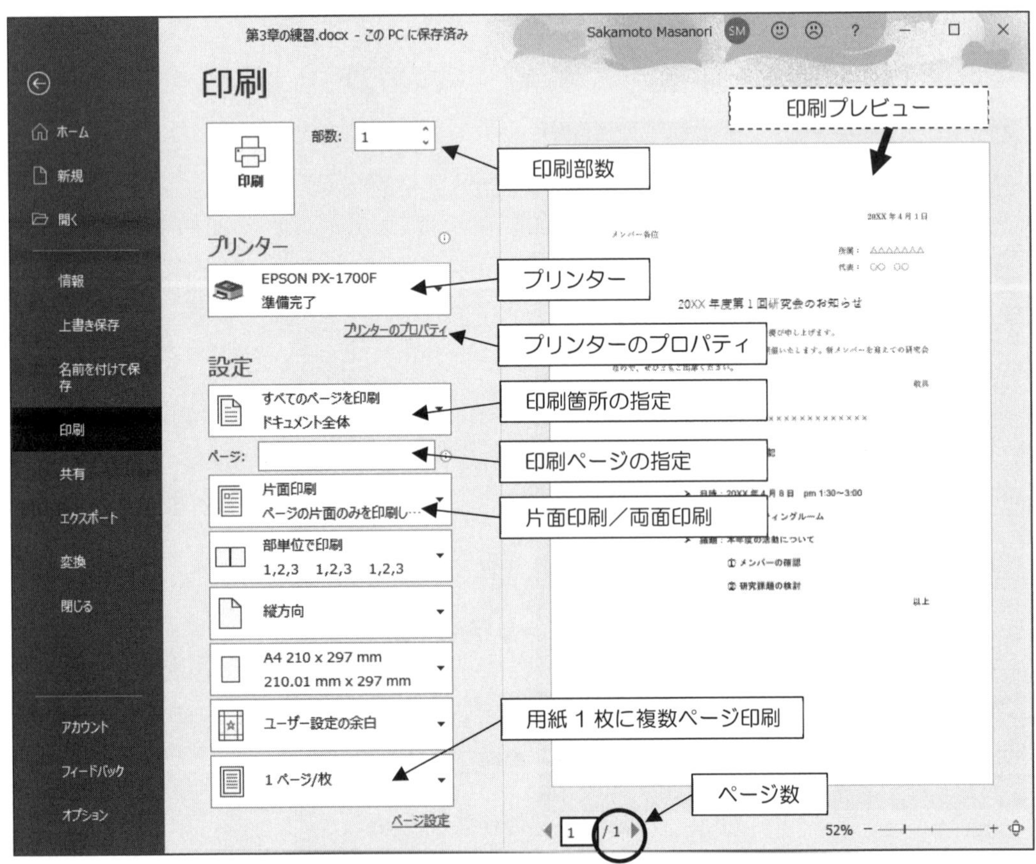


右半分のプレビュー画面ではレイアウトに関連して、次の 2 点に注目しましょう。

- **印刷プレビュー**：ページ設定や文字飾り、段落の調整など、全体のレイアウトを確認します。
- **ページ数**：印刷される枚数は、今回の例では 1 ページで作成していますので「1 / 1 ページ」となるはずです。1 / 2 や 1 / 3 のようになっていたら、2 ページ目以降があるということを示しています。印刷を実行すると、2 枚、3 枚と印刷されます。文章の後に余分な改行などがある場合、削除しておきましょう。

### （2）印刷の設定と実行

左半分には印刷の設定項目があります。

- **印刷部数**：同じものを何枚印刷するのか、指定します。
- **プリンター**：出力するプリンターを変えるときは、現在表示されているプリンターの箇所をクリックすると、現在利用できるプリンターの一覧が表示されます。その中から選択します。
- **プリンターのプロパティ**：プリンターの詳細な設定を行う場合、［プリンターのプロパティ］をクリックして、設定画面を表示させせます。プリンターのメーカーや機種によって内容が異なります。
- **印刷箇所の指定**：通常は「すべてのページを印刷」することでしょう。長い文書の場合、一部分だけを修正して、1ページだけを印刷する、ということがあります。カーソルのあるページだけを印刷できる「現在のページを印刷」に変更すると、1ページだけを印刷することができます。
- **印刷ページの指定**：［ページ］欄にページ番号を入れると、特定のページのみ印刷できます。数字は半角で入力します。たとえば、2ページから4ページを印刷したいとき、「2-4」と入力します。
- **片面印刷／両面印刷**：［片面印刷］をクリックすると、両面印刷の設定へと変更できます。縦向きの場合、「両面印刷（長辺を綴じます)」を選択するとよいでしょう。
- **用紙1枚に複数ページ印刷**：一番下の「1ページ／枚」をクリックして「2ページ／枚」などに変更すると、1枚の用紙に複数ページを印刷することができます。下書きを印刷するときなどに用紙を節約できます。

すべての確認が終わったら、［印刷］ボタンをクリックして印刷します。

**■　注意　■**

印刷の操作は行った回数分の印刷物が出力されます。1度の操作で印刷されなかったからといって2度3度と［印刷］ボタンをクリックしてはいけません。

印刷されなかった場合には、プリンターの状態（電源・用紙・インク不足など)、接続の状態などを確認しましょう。回復したときに印刷されてきます。

**☰☰☰　練習問題　☰☰☰**

（1）同窓会の案内を作成してみよう。基本構成は本章の例とほぼ同じですが、項目が若干異なります。たとえば、同窓会には議題はありませんが、出欠返事を聞くことや、参加費を示すことがあります。

（2）ミニツールバーのそれぞれのボタンは、どのタブのどこにあるのか確認してみよう。また、本章で用いなかったボタンについて、その機能を調べてみよう。

（3）［F1］キーを押せば、ヘルプ画面が出てきます。本章で利用した機能はヘルプではどのように書かれているか、調べてみよう。

（4）「書式のコピー／貼り付け」についてヘルプを使って調べ、操作を試してみよう。

# 第4章　レポート文書の作成

ワープロでレポートのような長文を作成する場合のレイアウトなどを学習しましょう。レポート作成に慣れていない人は、「1．レポートの作成」を参考にしてください。さらに詳細なレポート作成方法は専門書で学習しましょう。

## 1．レポートの作成

### （1）レポート作成の手順

ワープロを利用しているときの文章作成の一例として、次のような順序が考えられます。移動や文章の追加など、手書きではできない作業を活用します。

① 書きたいことを文字にする
書くべき内容の要点を、順序がばらばらでも、文章になっていなくてもかまわないので、入力して文字にします。改行して1つ1つのまとまりがわかりやすいようにしておきます。

② 全体の構成を整える
「序論」「本論」「結論」という大まかな構成に分けて、話の展開を考え、①で入力した要点を分類しつつ移動させます。

③ 見出しをつける
内容のまとまりができたら、見出しで表現し、番号を振ります。全体の構成を確認します。

④ 文章を入力する
それぞれの要点を説明するように、段落構成などを考えながら文章を作成します。内容がそれてしまわないように気を付けます。

⑤ 参考文献を入力する
参考にした文献や引用文がある場合にはその一覧を最後に付けます（引用したにもかかわらず、その記載がないと盗用となります）。

⑥ 編集作業および文字飾りを施し、全体のレイアウトを整えて完成させる

### （2）章や節の番号

レポートの全体像を決めずに入力している場合、最初から見出しの番号を付けていくと、文章を修正していくなかで番号がずれたり、同じ番号が 2 つになったりしてしまうことがあります。見出しに番号を付けずに作成を進め、文章が完成した後に見出しに番号を付けるなど、工夫してみましょう。

「1.」などの番号を後から入力すると、入力補助機能が働かず、段落番号の書式（p.30）にはならないことがあります。番号を間違えないように振っていきましょう。

### （3）例文の入力と注意事項

枠内の例文を入力するときには、次のことに注意しましょう。

- △△△の部分には自分の所属、○○○の部分には自分の名前を入力しましょう。
- 英語の部分は日本語入力を OFF にして、半角英数字で入力します。

- 改行するのは段落の最後だけです。1行に入る文字数は下の例とは異なってもよいので、第3章同様に↵のところで［Enter］キーで改行します。
- 「1．はじめに」を入力して改行すると、「2．」と表示されます。そのまま続けて［Enter］キーを入力すると、「2．」が消えて文章入力を続けることができます。
- 段落の最初には1つスペースを入れるようにします。

小学生へのコンピューター教育 ↵
△△△△△△△ ↵
○○ ○○ ↵

Abstract: Computer education for primary school students is examined. It is a difficult problem to teach social rules of network communication. ↵

1．はじめに ↵
　コンピューターの誕生から 70 年以上が経った現在、パソコンが普及し、ネットワークが浸透してきた。家庭でも利用されていることが多く、学校での教育がどのように展開されていくのかが常々検討されている。↵

2．低年齢化 ↵
　コンピューター教育は大学から始まったが、高等学校、そして中学校へと徐々に低年齢化し、内容も充実してきている。↵
　しかし、低年齢化することにはいくつかの懸念事項がある。特にネットワークを利用するにあたり、社会的なルールをどのように理解させていくのかが教育現場での大きな課題の一つとなっている。↵

3．道徳教育 ↵
　多くの小学生はゲーム機というコンピューターで遊んでいる。苦手意識を持つことなくコンピューターを受け入れることができ、すぐに使いこなすことができるだろう。しかし、ネットワークを利用するときには技術を教えるだけではいけない。↵
　中学生や高校生になると社会的なルールも少しずつわかってくるが、小学生に理解させ、実践させることができるだろうか。コンピューター教育だけの問題ではなく、道徳教育全般を見直して検討するべきであろう。↵

4．おわりに ↵
　2020 年度から小学校でプログラミング教育が実施されている。GIGA スクール構想が掲げられ、ICT（Information and Communication Technology）機器の活用が急速に進んでいる。今後、教育環境への情報技術の導入は多様に変化していくと考えられる。↵

参考文献 ↵
　「現代のコンピューター教育」　情報大一郎著　AABBCC 出版（2020 年） ↵

■　単語のチェック　■

英単語の綴りを間違えたとき、Wordの辞書機能により、間違いを指摘する赤い波線が付きます。通常の編集作業で正しく修正すれば消えます。右クリックして修正候補から正しいものを選ぶこともできます。候補に入っていなかったら、文字入力をやり直します。

なお、日本語をローマ字にした語句など、英単語ではないものにも赤い波線が付くことがあります。

### （4）保存

前章（p.32）を参考にして、保存しておきましょう。レポート作成時には、長時間かけて推敲を重ねることがあります。しばしば上書き保存するようにしましょう。

### （5）文字数の確認

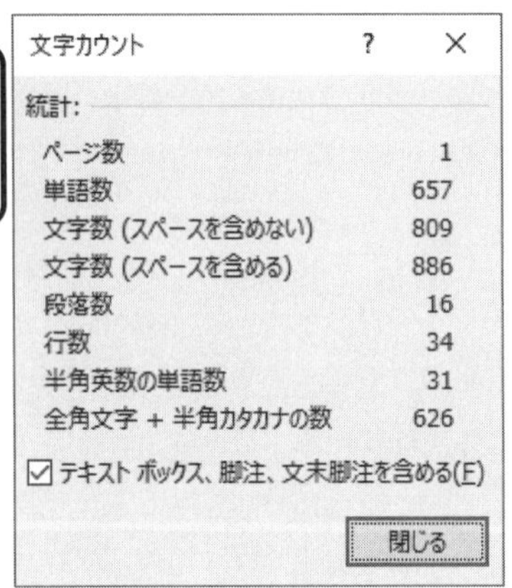


レポート作成時に、文字数制限がある場合、ページ設定である程度の目安を考えておく方法がありますが、次のようにしてカウントすることができます。

［校閲］タブ➔［文字カウント］をクリックすると、右図のようにまとめられて表示されます。空白も文字数に数える場合、上から4つ目の「文字数（スペースを含める）」というのを見るのが適しているでしょう。

## 2．ヘッダー・フッター

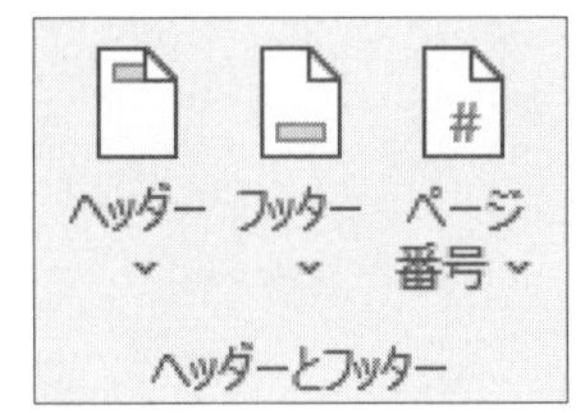


ヘッダー（ページ上部）やフッター（ページ下部）を使えば、数ページにわたって同じ情報を掲載することができます。レポートのすべてのページに氏名を入力することができます。

書物や雑誌などでどのように使われているか、参考にしましょう。たとえば、本書ではヘッダーとして奇数ページに章タイトルを、フッターにはページ番号を付けています。

［挿入］タブの「ヘッダーとフッター」グループに操作がまとまっています。

### （1）ヘッダー・フッターの編集

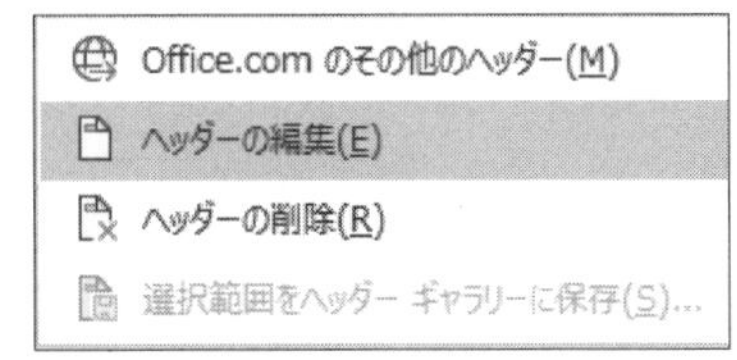


ヘッダーの入力（編集）には、上余白の部分をダブルクリックします。フッターの場合には下余白の部分をダブルクリックします。

あるいは、［ヘッダー］ボタン➔［ヘッダーの編集］、または［フッター］ボタン➔［フッターの編集］をクリックします。

［ヘッダー］ボタンをクリックして出るメニューの上部にあるデザインされたヘッダーは通常は使いません。

ヘッダーやフッターの編集中は本文の色が薄くなり、余白の部分に文字入力および文字飾りができるようになります。そのほかの操作を行うために、［ヘッダーとフッター］タブが表示されます。日付は［日付と時刻］ボタンをクリックして挿入します。

### （2）ページ番号

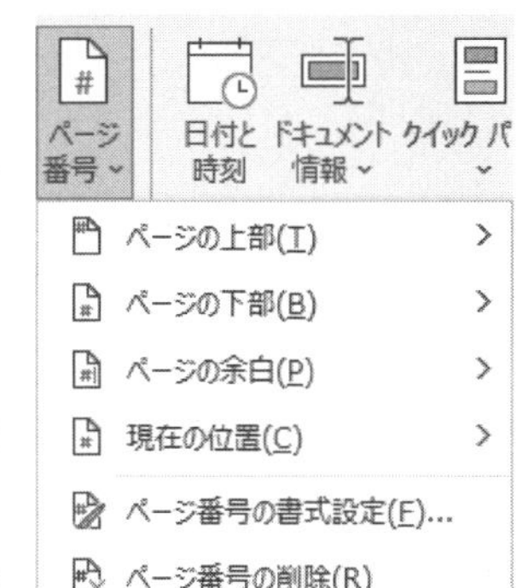


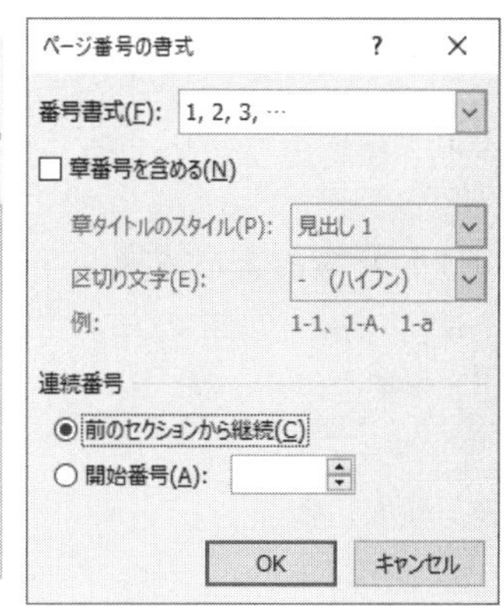


［挿入］タブあるいは［ヘッダーとフッター］タブ➔［ページ番号］をクリックして、上部（ヘッダー）か下部（フッター）を選び、さらに左右の位置などを選んでクリックします。

同じ［ページ番号］メニューにある［ページ番号の書式設定］をクリックすれば、右図のように、書式やページ番号の開始番号を設定できます。

### （3）ヘッダー・フッターの位置調整

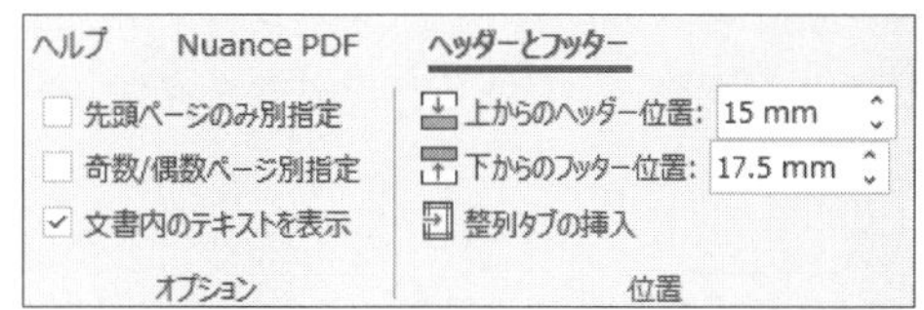


ヘッダーとフッターの編集中、［ヘッダーとフッター］タブで、上下の位置を変更できます。

数値を大きくすると本文に近くなり、小さくすると本文から離れます。

### （4）ヘッダー・フッターの編集終了

ヘッダーやフッターの編集作業が終了したら、［Esc］キーを押して通常の画面に戻ります。

◆◇◆　練習　◆◇◆　ヘッダーに所属と氏名、スペースを空けてから［日付と時刻］ボタンで日付を入力しよう。入力後に、MS ゴシック、9pt に変更し、右揃えをしよう。フッターは［ページ番号］ボタンを使い、ページの下部の真ん中にページ番号を入力し、入力後に見やすいフォント、文字の大きさにしよう。

### ■　1ページ目を表紙にする　■

1ページ目を表紙、2ページ目から本文が始まっているときに、表紙にはページ番号を付けずに、本文からページ番号が始まるように設定してみましょう。

［ヘッダーとフッター］タブの「オプション」グループにある［先頭ページのみ別指定］をクリックしてチェックを ON にしておきます。1ページ目のページ番号が消えます。

「（2）ページ番号」の「ページ番号の書式設定」において、開始番号を「0」にします。すると、2ページ目のページ番号が「1」となります。

さらに複雑な表紙、目次、本文の構成について、付録 C で解説します。

### ■　奇数ページと偶数ページでヘッダー／フッターを変える　■

本書のように奇数ページ（右側）と偶数ページ（左側）に分けるためには次のようにします。ページ設定の画面（p.34）において、［余白］タブの「印刷の形式」を「見開きページ」に設定します。さらに、［ヘッダーとフッター］タブの［奇数/偶数ページ別指定］のチェックを ON にします。

奇数ページに入力したヘッダーやフッターは偶数ページには表示されません。奇数ページと偶数ページのそれぞれにヘッダーおよびフッターを入力します。

## 3．編集や文字飾り

第３章の内容に加え、次の編集作業を利用してみましょう。

### （1）検索および置換

長文の中から特定の文字を探し出すのは難しく、見逃してしまうことも考えられます。「検索」機能を用いて探しましょう。文字を別の言葉で置き換える場合には「置換」します。

■　検索　■

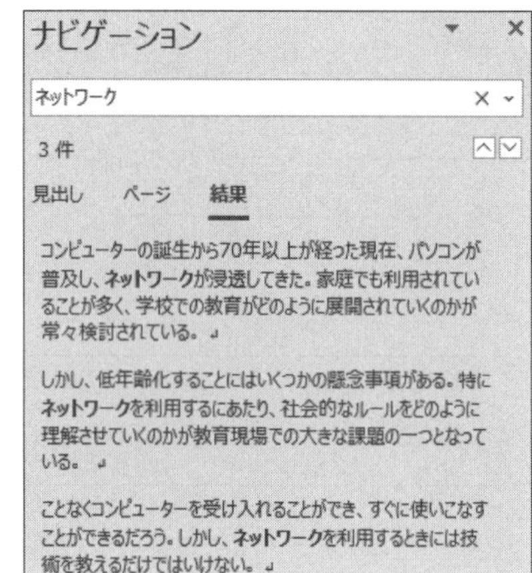


［ホーム］タブの右端の［編集］グループにある［検索］をクリックします。

画面左に「ナビゲーション」ウィンドウが表示され、白い欄に探す文字列を入力します。その語句を含む文章が一覧表示されます。クリックすれば、その場所へ移動することができます。

長い文字列を入れると一致しないことがありますので、比較的短い語句で探すといいでしょう。

利用が終わったら、「ナビゲーション」ウィンドウの右端の×をクリックして閉じておきましょう。

◆◇◆　練習　◆◇◆　「ネットワーク」という語を探してみよう。

■　置換　■

［ホーム］タブの右端の［編集］グループにある［置換］をクリックします。

探す文字列を「検索する文字列」に入力し、探し出した後に置き換える文字列を「置換後の文字列」に入力します。［次を検索］ボタンを押して探し出し、置き換えてもよければ［置換］ボタンをクリックします。置き換わった後、自動的に次の置換候補が探し出されます。

一度にすべてを置換してしまう場合には［すべて置換］ボタンをクリックします。残しておきたい箇所まで変換してしまうことがありますので、置換した後は確認するようにしましょう。

◆◇◆　練習　◆◇◆　「ネットワーク」という語を「インターネット」に置き換えてみよう。

### （２）スタイルの作成と適用

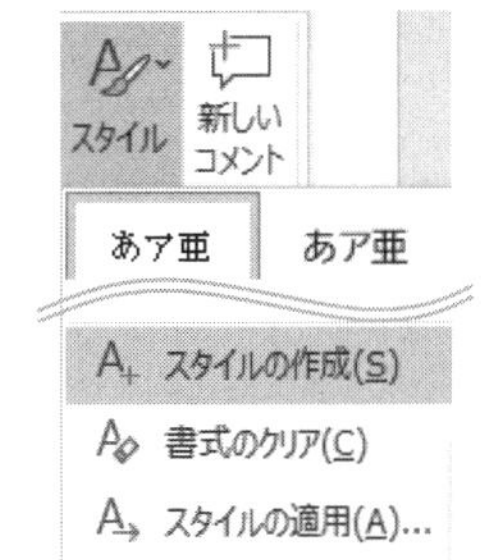


文章を読みやすくするために、タイトルや見出しに統一的な文字飾りを施します。「スタイル」を使えば簡単にできます。前章（p.38）ではあらかじめ用意されているものを使いましたが、ここでは自分で作成したスタイルを使ってみましょう。

◆◇◆　練習　◆◇◆　次のようにして、入力した文章の見出しを整え、スタイルを登録し、適用してみよう。

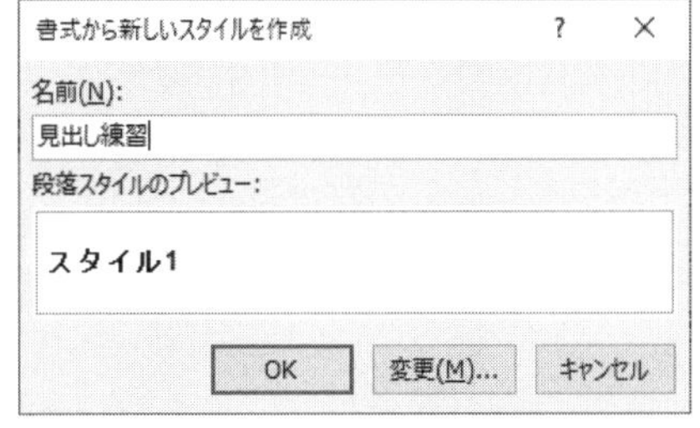


①　「1．はじめに」の行に通常の方法でフォントの変更やサイズを変更し、文字飾りをします。

②　選択している文字の上で右クリックし、ミニツールバーの［スタイル］をクリックし、［スタイルの作成］をクリックします。

③　「名前」欄にスタイルに名前（たとえば、「見出し練習」）を付けて［OK］ボタンをクリックします。

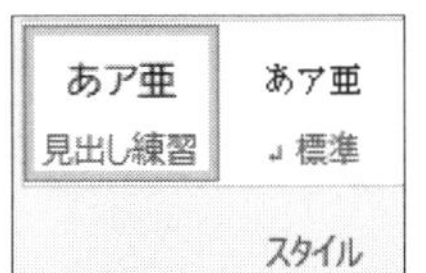


④　「2．低年齢化」の見出しを選択して、登録した［見出し練習］スタイルをクリックして適用します。残りの見出しも同様に適用します。

◆◇◆　練習　◆◇◆　タイトルに［表題］スタイルを適用しましょう。

### （３）ルビ

難しい漢字や読みにくい漢字がある場合、ルビ（ふりがな）を付けておくと親切です。

［ルビ］ボタン

「経った」の「経」にルビ「た」を付けてみましょう。

①　「経」だけをドラッグして選択します。

②　［ホーム］タブの「フォント」グループにある［ルビ］ボタンをクリックします。

③　入力したときの読み方がルビの欄に入っています。修正する場合、ルビの欄を入力し直します。

④　ルビの文字に関する設定（配置やサイズなど）を必要に応じて設定します。プレビューで出来上がりの状態を確認して、［OK］ボタンをクリックします。
ルビが付いた行は、下へ少しずれます。
または、上下の行間が大きく開くことがあります。

◆◇◆　練習　◆◇◆　自分の名前にルビを付けてみよう。

さらに、所属と氏名を、インデントを用いて右端のほうに位置させましょう（p.39）。

## ４．文書の整形

◆◇◆　練習　◆◇◆　第３章の復習

- A4 サイズ、余白を上下左右すべて 20mm、1 ページの行数は 40 行にします（p.35）。
- インデントを用いて、英語の行について、左端および右端を 5 文字程度内側に寄せます（p.39）。
- 編集記号を表示しておきます（p.36）。

### （１）段組み

ページ内で左右 2 つに分けたレイアウトを 2 段組みといいます。

［レイアウト］タブに［段組み］ボタンがあります。文章全体を設定するときには、［2 段］や［3 段］のボタンをクリックすると設定できます。

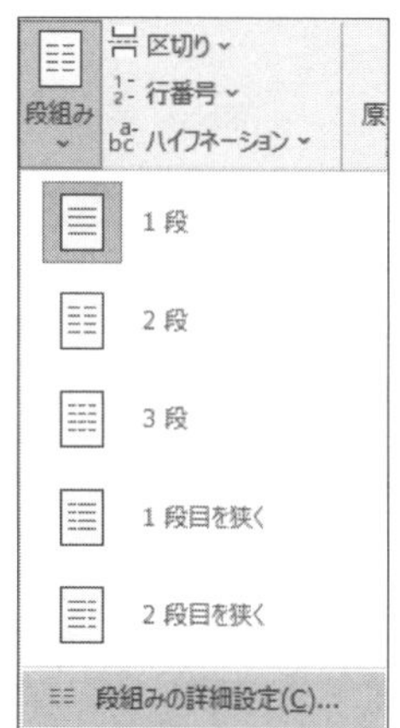


詳細な段組み指定をする場合には、一番下の［段組みの詳細設定］をクリックし、段組みの選択およびその間隔などを設定します。

段組みする箇所によって選択および操作を変える必要があります。

- **文書全体を段組み**：文字列を選択していない状態を確認して、選択肢をクリックします。
- **文書途中を部分的に段組み**：段組みする段落をドラッグして選択します。選択肢をクリックして段組みにします。
- **文書途中から段組み**：2 段組みを開始する行の先頭にカーソルを位置させます。詳細設定において「設定対象」を［これ以降］にします。本書の索引で、このレイアウトを使っています。

それぞれの操作を試してみて、サンプルの表示を確認してみましょう。

1 段と 2 段が混在しているとき、編集記号 ::::::::セクション区切り (現在の位置から新しいセクション):::::::: が表示され、そこで区切られます。

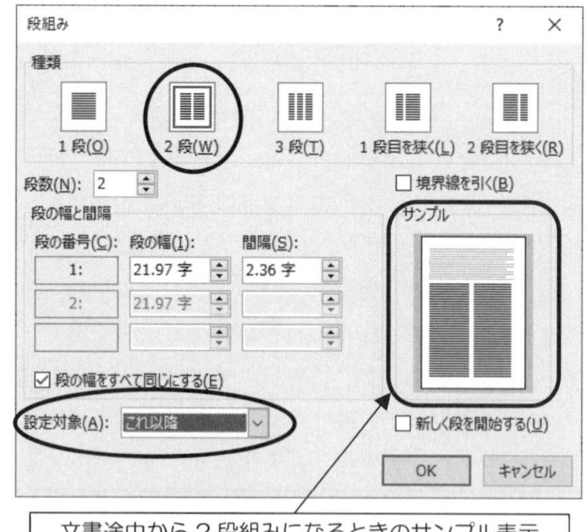

文書途中から２段組みになるときのサンプル表示

#### ■　段組みの解除　■

最初の 1 段に戻すときや、操作に失敗したときには、セクション区切りの編集記号を［Back Space］キーや［Delete］キーで削除したあとで、［1 段］ボタンで文書全体を 1 段に設定します。

操作直後であれば、「元に戻す（Ctrl+Z）」で操作前の状態に戻すことができます。

◆◇◆　練習　◆◇◆　本文「1．はじめに」以降を「文書途中から段組み」の 2 段組みにしてみよう。

段組みの操作をするまえのカーソルは次のようにして位置を決めます。「1．はじめに」の行にカーソルを位置させてから、［Home］キーを押してカーソルを左端に移動させます。「1．はじめに」が段落番号の設定になっている場合、「1.」と「はじめに」の間が左端と判断されますが、その状態で段組みの操作を行います。

### （2）脚注の挿入

文章の流れを妨げずに単語などの解説を入れる方法として、脚注[1] がしばしば用いられます。次のようにします。

① ［参考資料］タブをクリックします。

② 注を設定する箇所にカーソルを位置させ、［脚注の挿入］ボタンをクリックします。

③ ページの下方に脚注スペースができるので説明文章を入力します。

④ 注の番号が上付き文字として小さく入ります。番号が読みにくい場合には、若干大きくしたり、フォント変えたり、番号の後にスペースを入れたりするとよいでしょう。

◆◇◆　練習　◆◇◆　「1．はじめに」の文中「コンピューターの誕生から」の「生」と「か」の間にカーソルを位置させ、脚注操作をします。脚注には「1946 年に ENIAC が開発された」と入力しよう。

■　**文末脚注**　■

1ページごとの脚注ではなく、文章全体の最後に注釈を付記する場合、上の②において、［文末脚注の挿入］ボタンをクリックします。説明文ではなく、引用にした文献などを文末脚注としてまとめられている書物が多くあります。文章全体の長さにもよりますが、脚注と文末脚注の違いをよく考えて使い分けましょう。

### （3）改ページ（ページ区切り）

1つの文書内で内容が変わるとき、ページを新たにすることがあります。そのとき、たくさん改行を入れてページを変えてはいけません。

「ページ区切り」を使いましょう。

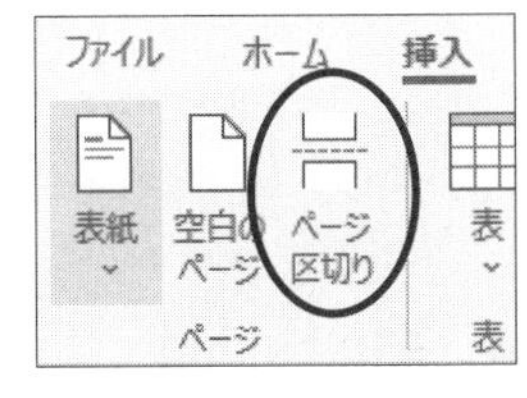


ページを区切るところにカーソルを位置させておき、［挿入］タブ➔［ページ区切り］ボタンをクリックします。編集記号を表示（p.36）すれば、編集記号 ……改ページ…… が表示され、そこでページが切り替わります。

改ページを解除するときには、編集記号 ……改ページ…… を［Delete］キーなどで削除します。

≡≡≡ **練習問題** ≡≡≡

（1） 例文について、2．1や2．2・・・のように内容を細分化させて文章を加え、レポートを完成させてみましょう。英文要約は省略してもかまいません。

（2） 最近話題になっている出来事や、興味のある事柄について調べ、A4 用紙 1 枚程度にまとめてみましょう。
タイトルを付け、序論（調べた動機について1つの章）・本論（調べてわかったことを1つの章、調べた事柄について考えたことを1つの章）・結論（まとめの内容を1つの章）に分けて、それぞれ見出しを付けること。英文要約は省略してもかまいません。

---

[1] 挿入した脚注は文字飾りをすることができます。

# 第５章　ワープロでの表の作成と活用

コンピューターで表を書くのは後に学習する表計算ソフト Excel のほうが適しているかもしれませんが、Word でも表が書けます。文章とともに簡単な表を使いたいときには Word で書くとよいでしょう。

表は縦につながる「列」と、横につながる「行」からできています。下の表には、4 列、5 行あります。

マス目のことを「セル」とよびます。下の表には、20 個のセルがあります。

| | １列目 ↓ | ２列目 ↓ | ３列目 ↓ | |
|---|---|---|---|---|
| １行目 → | | | | |
| ２行目 → | | | | |
| ３行目 → | | | | |
| | | | | |
| | | | | |

表の中にカーソルがある場合や、表を選択しているときに限り、表関連の操作ボタンをまとめた［テーブルデザイン］タブと［レイアウト］タブが右端に追加されます。［テーブルデザイン］タブには多くのサンプルデザインや線の種類や塗りつぶし色の変更に関する操作ボタンがあり、［レイアウト］タブには挿入や削除、分割や結合、位置合わせなどの操作ボタンがあります。

ページのレイアウトを整える［レイアウト］タブと、表に関する［レイアウト］タブを混同しないようにしましょう。本章では後者の［レイアウト］タブを使います。

■　**元に戻す**　■

本章は練習内容を順番に解説していきます。操作を失敗した場合、「元に戻す」（［Ctrl］＋［Z］）を活用しながら作業を進めてください。

## １．表の挿入

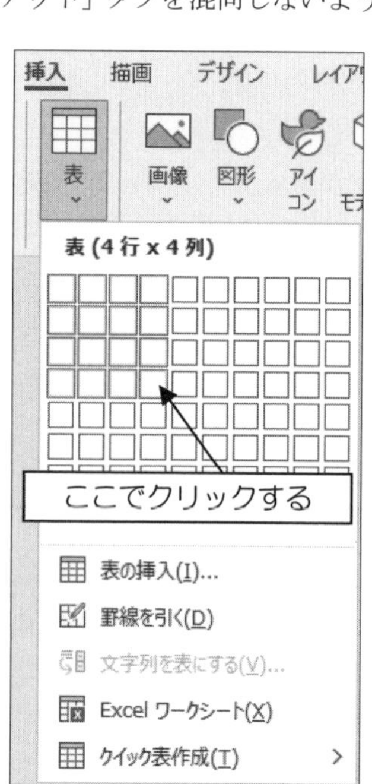


カーソルのある位置に表が入ります。表の上に行があるようにしておくために、表を挿入する前に［Enter］キーを 2〜3 回押して、改行しておくといいでしょう。改行を入れ忘れたら、p.58 の「8．（1）表の上への行の挿入」を参照してください。

本章では、例として『果物の表』を作成していきます。説明を読みながら作成を進めていきましょう。

「名前」「色」「味」「その他」の 4 列、行は果物の数だけ必要になりますが、とりあえず 4 行としておきましょう。

### （１）表の挿入

［挿入］タブの［表］ボタンをクリックします。4行×4列のところでマウスをクリックすると、表が現れます。

| | | | |
|---|---|---|---|
| | | | |
| | | | |
| | | | |

列数や行数が多い表を作成するときには［表の挿入］をクリックして、列数や行数を指定します。

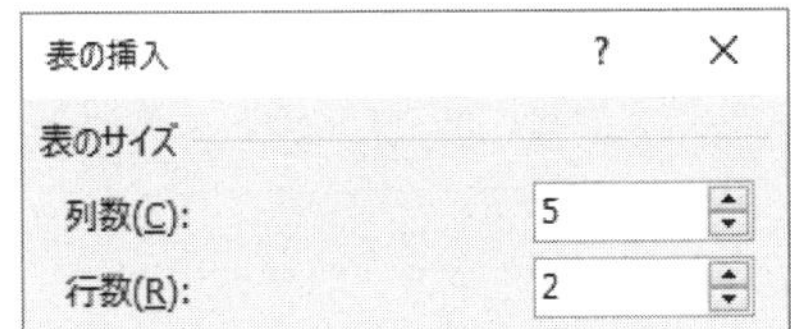


［罫線を引く］をクリックすると、マウスがペンの形になり、線を描くことができますが、思いどおりに表を作成するのは難しいです。元のマウスの状態に戻すために［Esc］キーを押します。

### （２）セルの選択

基本的にセルを選択してから操作を行います。次のような選択方法があります。選択方法を確認してから後の操作の練習をしましょう。

- **１つのセルを選択**：選ぶセルの左端で黒矢印のマウスポインターの状態でクリックする。
- **複数のセルを選択**：セルの中央部からドラッグする（線の上では線が移動する）。
- **行すべてを選択**：左余白でクリック（下方へドラッグ）する。あるいは、1行のセルを全部ドラッグする。
- **列すべてを選択**：一番上の線にマウスを重ね、↓ になったときにクリック（横へドラッグ）する。あるいは、1列のセル全部をドラッグしてもよい。
- **表全体を選択**：一番上の行から一番下までの行を選択します。あるいは、表にマウスを重ね、表の左上に現れる ⊞ にゆっくりとマウスを動かし、⊞ をクリックします。

**■　注意　■**

⊞ をドラッグすると、表を自由に動かせますが、文章中での扱いが難しくなります。「元に戻す（［Ctrl］＋［Z］）」で元の状態に戻しましょう。

または、表を右クリックして［表のプロパティ］をクリックして、［表］タブの「文字列の折り返し」の［なし］をクリックすれば、元の状態に戻ります。

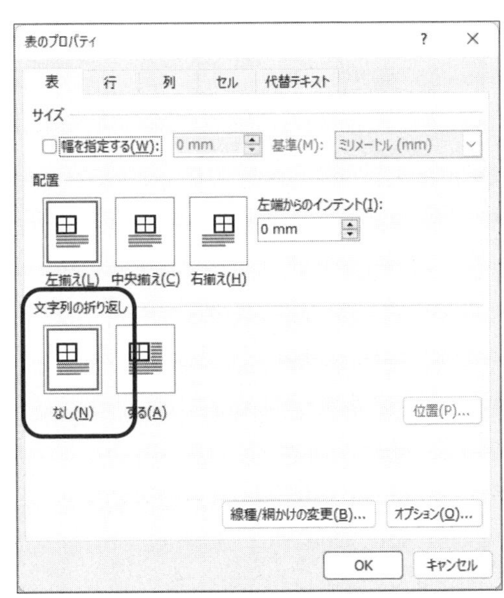


**■　移動　■**

上記の「文字列の折り返し」を「なし」に戻したとき、表の位置が元の場所とは異なってしまうことがあります。そのときには、表全体を選び、切り取り＆貼り付け（p.37）によって適切な場所へ移動させましょう。

## 2．セルの結合／分割

### （1）セルの結合

① 1行目の2列目のセルの中央部から4列目までの3つのセルをドラッグして選択します。

| | | | |
|---|---|---|---|
| | | | |
| | | | |
| | | | |

② 選択している箇所で右クリックして、［セルの結合］をクリックします。

セルの結合ができたら、次のように文字を入力します。文字入力のときにはマウスを使わないようにしましょう。カーソルを次のセルへ移動させるときも矢印キーを使いましょう。

| 名前 | 特徴 | | |
|---|---|---|---|
| 日本語 | 色 | 味 | その他 |
| | | | |
| | | | |

### （2）セルの分割

① 名前を日本語だけでなく英語も入力できるように変更します。そのとき、1列目の2～4行目を2列に分割します。次の灰色部分を選択します。

| 名前 | 特徴 | | |
|---|---|---|---|
| 日本語 | 色 | 味 | その他 |
| | | | |
| | | | |

② 右端の［レイアウト］タブ➔［セルの分割］をクリックします。

③ 列数が2、行数が3であることを確認し、［OK］ボタンをクリックします。

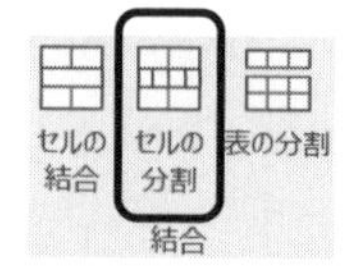


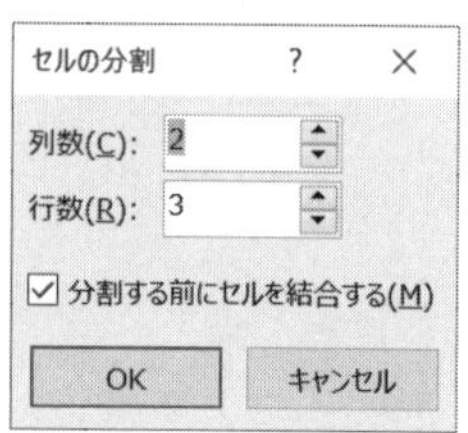


セルの分割ができたら、次のように文字を入力しましょう。

さらに、上2行について、フォントを「MSゴシック」、サイズを「12pt」にします。

| 名前 | | 特徴 | | |
|---|---|---|---|---|
| 日本語 | 英語 | 色 | 味 | その他 |
| レモン | Lemon | 黄 | すっぱい | ビタミンCが多い |
| ぶどう | Grape | 紫 | あまい | 粒が多い |

## 3．行・列の挿入と削除

最終行に 2～3 行追加して、思いついた果物についてそれぞれの内容を入力しましょう。上下を揃えるため、文字数は例を参考にして、多くなりすぎないようにしましょう。

行を表示しすぎて空白行が残った場合には、行の削除をします。

### ■　行の挿入　■

3 種類の操作方法を紹介します。

- ➢ 最後の行をクリックし、カーソルを位置させます。［レイアウト］タブ➔［下に行を挿入］をクリックすると、一番下に新たな行が追加されます。
- ➢ 表の左端でマウスを沿わせると、横線のところで ⊕ と表示されるので、それをクリックすると行が追加されます。
- ➢ 表の最終行の右側の外にある改行記号（↵）のさらに右側をクリックし、表の外側でカーソルが点滅している状態で［Enter］キーを押すと、行が追加されます。

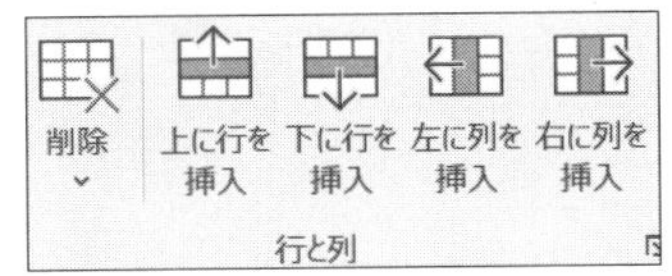


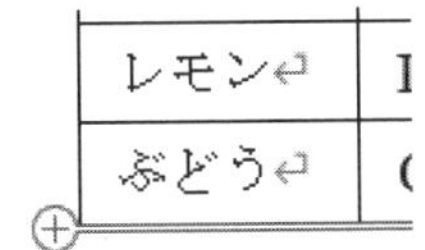


### ■　行の削除　■

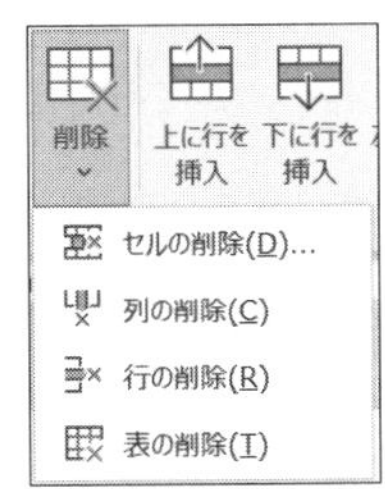


削除すべき行を選択し、［レイアウト］タブ➔［削除］ボタン➔［行の削除］をクリックします。

あるいは、選択している状態で、右クリックして［行の削除］をクリックします。

### ■　［Back Space］キーと［Delete］キーの違い　■

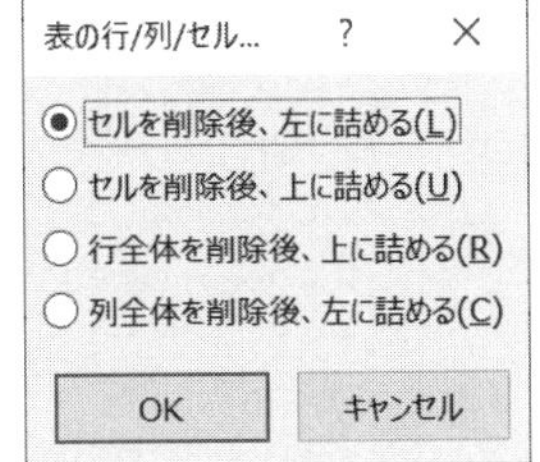


［Back Space］キーでは選択したセルが削除されます。行全体や列全体を削除する場合には、すぐに削除されますが、一部のセルだけを選択した状態では、右の図によって詰める方向が確認されます。

［Delete］キーでは選択したセルの罫線はそのまま残り、文字だけが消えます。

### ■　列の挿入や削除　■

カーソルのあるセルに対して［左に列を挿入］または［右に列を挿入］の操作や、［列の削除］の操作を行えば、列が挿入や削除が可能です。

ただし、本書の例で用いているような上下のセル数が揃っていない表では思いどおりの結果にならないことがあります。列の挿入の操作を試してみて、［Ctrl］＋［Z］で元の状態に戻しておきましょう。

本章の例では、列を増やす方法として「セルの分割」を使っています。

逆に、列を削除するときには、「セルの結合」を用いてもよいでしょう。

## ４．幅と高さの調整

### （１）幅の調整

内容に合わせて、セルの幅を調整しましょう。「色」などの余裕のある項目を狭くします。「その他」などは内容が多いために幅を広くします。

**■　手動調整　■**

表の縦線にマウスを合わせると、マウスの形が左右両方向の矢印 ↔ に変わります。そのときに横方向にドラッグすると、幅を変えることができます。左端から順に調整するとよいでしょう。表の左右両端の縦線も動かすことができます。

**■　自動調整　■**

セルに入力されている文字の大きさに自動的に合わせることができます。

表の中をクリックしておきます。［レイアウト］タブ➔［自動調整］ボタン➔［文字列の幅に自動調整］をクリックします。

| 名前 | | 特徴 | | |
|---|---|---|---|---|
| 日本語 | 英語 | 色 | 味 | その他 |
| レモン | Lemon | 黄 | すっぱい | ビタミンＣが多い |
| ぶどう | Grape | 紫 | あまい | 粒が多い |

**■　選択したセルだけの幅調整　■**

セルを選択している状態で幅の調整を行うと、上下のセルと縦線がずれていきます。不規則な表を作成するとき以外はセルを選択していない状態を確認して調整します。

### （２）高さの調整

最初に表示される表はセルの高さが最小の高さになっています。高さを広げてみよう。

行は個別に高さを変えると高さが揃わなくなるので、次のように一気に変更します。

①　左余白を利用して、表の１行目～最終行を全部ドラッグして選択します。

②　選択しているところで右クリックして［表のプロパティ］をクリックします。

③　［行］タブをクリックします。

④　［高さを指定する］をクリックしてチェックを付け、その右欄に数字を入れて、高さを決めます。

⑤　［OK］ボタンをクリックします。

何度か試行錯誤して見やすい高さを決めます。

項目名の行の高さと内容の行の高さは違っていてもいいでしょう。

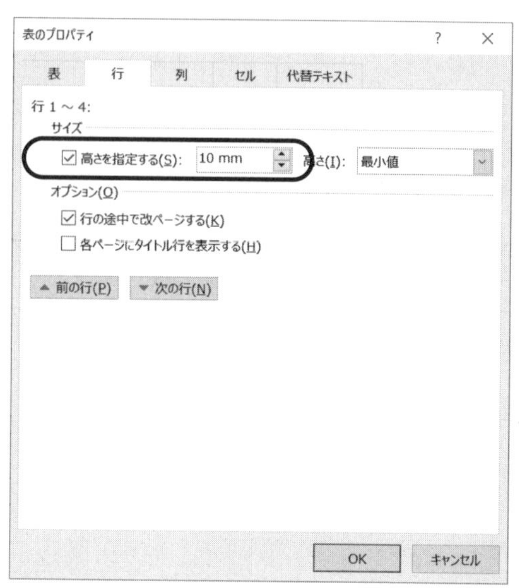

## 5．セル内での文字の配置

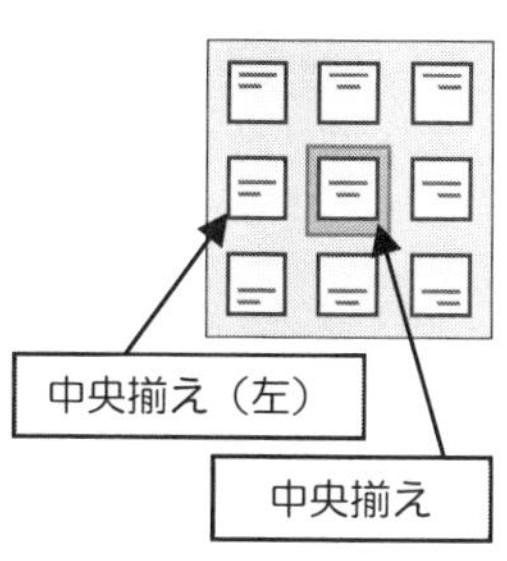


セルの中の文字の位置を揃えます。調整するセルを選択して、［レイアウト］タブの「配置」グループの 9 つのレイアウトから揃えたい位置のボタンをクリックします。この操作は縦位置と横位置を同時に調整します。

次のように、1 行目は「中央揃え」、2 行目以降は「中央揃え（左）」にしてみましょう。

| 名前 | | 特徴 | | |
|---|---|---|---|---|
| 日本語 | 英語 | 色 | 味 | その他 |
| レモン | Lemon | 黄 | すっぱい | ビタミン C が多い |
| ぶどう | Grape | 紫 | あまい | 粒が多い |

## 6．線とセルの色の変更

### （1）線の変更

線の種類を変えることによって、項目名と内容を識別しやすいように工夫しましょう。

ペンのスタイル
罫線のスタイル　0.5 pt　ペンの色　罫線　罫線の書式設定　飾り枠
ペンの太さ

① 表の中をクリックし、［テーブルデザイン］タブをクリックします。

② ［ペンのスタイル］ボタンで実線、破線などを選びます。

③ ［ペンの太さ］ボタンで線の太さを選びます。

マウスポインターがペンの形になります。表の線をなぞり、種類や太さを変更します。

作業が終わったら、［Esc］キーを押して、マウスを元の形に戻します。

下の表は変更した一例です。よく利用される線の種類は実線、点線、二重線などです。

| 名前 | | 特徴 | | |
|---|---|---|---|---|
| 日本語 | 英語 | 色 | 味 | その他 |
| レモン | Lemon | 黄 | すっぱい | ビタミン C が多い |
| ぶどう | Grape | 紫 | あまい | 粒が多い |

■　斜線　■

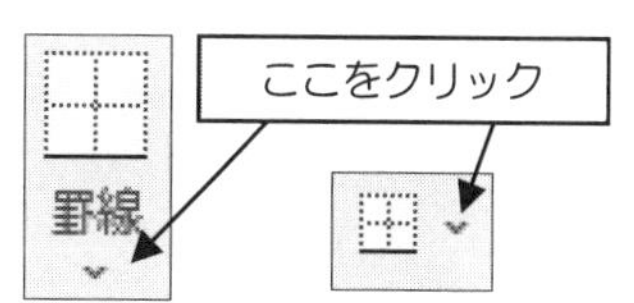


斜線を引くセルにカーソルがある状態にします。

［テーブルデザイン］タブ➔［罫線］ボタンの下の部分をクリックします。選択メニューの中から［斜め罫線（右下がり）］または［斜め罫線（右上がり）］をクリックします。

斜め罫線 (右下がり)(W)
斜め罫線 (右上がり)(U)

［罫線］ボタンは、［ホーム］タブの「段落」グループにもあります。ボタンの右にある ⌄ をクリックして、選択メニューを表示させます。

斜線を削除するときも同じ操作を行います。

## （2）セルの色

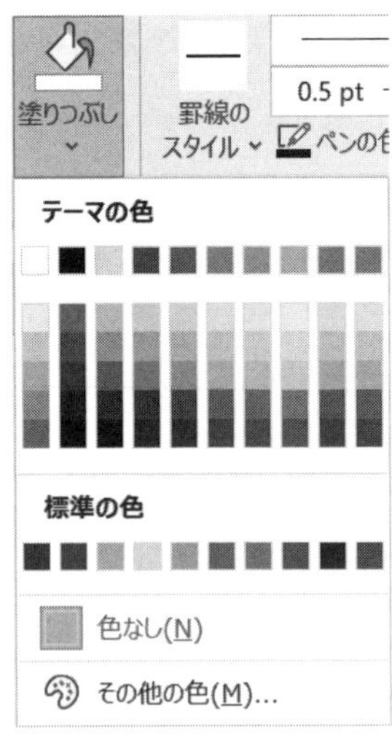


色を付けるセルを選択し、［テーブルデザイン］タブ➔［塗りつぶし］ボタンの ❯ をクリックして色を選択します。

白黒のプリンターを使っている場合には、薄い灰色を使うようにしましょう。赤や青を指定しても、灰色（または黒色）で印刷されます。どの程度の濃さになるか、右の図と画面の色を見比べてみましょう。

カラープリンターを使っているときには、淡い色を使うようにしましょう。濃い色にすると、文字が読みにくくなります。

ここでは、次のように、項目名の2行に色を付けてみましょう。

| 名前 | | 特徴 | | |
|---|---|---|---|---|
| 日本語 | 英語 | 色 | 味 | その他 |
| レモン | Lemon | 黄 | すっぱい | ビタミンCが多い |
| ぶどう | Grape | 紫 | あまい | 粒が多い |

## 7．表全体の位置の調整

表全体の位置を変更することができます。次のようにして、中央揃えにしてみましょう。

① 表の中で右クリックし、［表のプロパティ］をクリックします。

② ［表］タブの「配置」の3つの中から［中央揃え］をクリックします。

任意の位置に配置させるときには、左揃えにして、［左端からのインデント］に数値を設定します。

## 8．その他の表の操作

### （1）表の上への行の挿入

「1．表の挿入」において、表を挿入する前に改行を入れておくようにしました。

しかし、改行を入れ忘れてしまい、表を1ページ目の1行目に挿入してしまった場合、表の上に行がないために文章が書けなくて困る場合があります。そのときは、次のようにして行を挿入します。

① ［Ctrl］キーを押しながら［Home］キーを押して、ページの先頭に移動させます。カーソルは表の1列目1行目のセルの先頭に位置します。

② ［Enter］キーを押すと改行され、表の上に行が入ります。

### （2）表のタイトル

表にはタイトルを付けるのが通例です。表の上の行にタイトルを入力しましょう（たとえば、「果物の表」や「よく食べる果物の特徴」など）。

表の位置に合わせて中央に揃えたり、フォントを変えたりして見やすくしましょう。

### （3）表のコピー

表の一部、および全体を別のところで利用する場合、コピーをします。コピーの手順は文字列のコピー（p.37）とほぼ同様です。

果物の表をコピーして、貼り付けた表の内容を野菜に変更してみよう（たとえば、「とうもろこし、Corn、黄、甘い、スープにもなる」など）。

① コピーするセルをドラッグして選択します。果物の表の上3行を選択しよう。

② 選択している箇所で右クリックして、［コピー］をクリック（または［Ctrl］＋［C］）します。

③ マウスやキーボードで貼り付ける場所にカーソルを位置させ、右クリックして、［貼り付けのオプション］の左端の［元の書式を保持］ボタンをクリック（または［Ctrl］＋［V］）します。

**■　注意　■**

表のすぐ下の行に表を貼り付けると、貼り付けた表が上の表にくっついてしまいます。表がくっついてしまわないように、あらかじめ表の下に改行をいくつか入れておき、表の直下ではないところに貼り付けましょう。

### （4）表の分割

1つの表として作成したものを途中で2つに分けるときや、上の（3）のように貼り付けたときに1つになってしまった場合などに、表を分割します。

分割させたい箇所の下の行にカーソルを位置させます。［レイアウト］タブ➔［表の分割］ボタンをクリックすると、表が2つに分かれます。

### （5）表のスタイルの利用

表の中にカーソルがある状態にして、［テーブルデザイン］タブのスタイルをクリックするだけで適用されます。

「表スタイルのオプション」グループにおいて、デザインする項目を選択し、「表のスタイル」グループから線が引かれるスタイルを選択します。

一見きれいになりますが、必要な箇所に線がない場合や、適切な縞模様になっていない場合などがあります。スタイルの適用後、適切な設定になっているかどうか確認しましょう。セル内の文字の配置（p.57）や表全体の中央揃え（p.58）が変わることがあります。確認しましょう。

不適切な箇所があれば、本章で学んだ細かなテクニックを用いて表を完成させましょう。

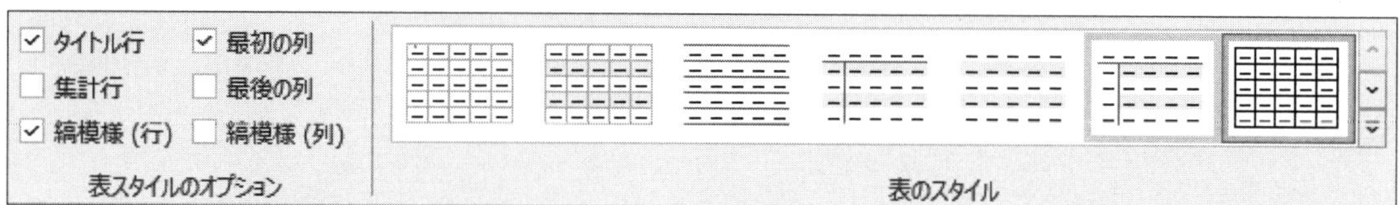

## ９．表を利用した上下の揃え

表はセルが規則的に並ぶことから、上下や左右をきれいに並べて配置する、という特徴があります。罫線を消すことによって、その特徴を活かした文字のレイアウトをすることができます。

たとえば、

Address　〇〇〇〇〇〇

Tel.　△△△△

というように、住所と電話番号の項目名を英語表記にした場合、〇と△の始まりの位置がずれてしまいます。

表を用いて揃えてみましょう。2×2 の表のセルにそれぞれの内容を入力します。

| Address | 〇〇〇〇〇〇 |
|---|---|
| Tel. | △△△△ |

さらに、表全体を選択した状態で、［ホーム］タブの［段落］グループにある［罫線］のボタンから［枠なし］をクリックして罫線を印刷されないようにします。

Address　　　〇〇〇〇〇〇

Tel.　　　　　△△△△

画面上では点線が見えていますが、印刷されません。画面上でも見えなくするには、ペンの色を白にして罫線を引くと見えなくなります。

上下を合わせるためには、Tab 記号を入れて揃えるという方法もあります。しかし、編集のしやすさでは表のほうが簡便です。たとえば、表であれば、一列全体にわたって幅を調整したり、一列全体を選択すれば文字飾りも統一的にできます。

≡≡≡ **練習問題** ≡≡≡

（1）身近なもののリスト表を作ってみよう（所有している本のリスト、最近見た映画の一覧など）。本章で学んだことを使って、表の体裁を整えてみよう。さらに、表の上に表のタイトルを入れ、下には表の説明を書き加えよう。

（2）簡単なスケジュール表を作成してみよう（例：合宿の予定表、旅行の予定表など）。

**【作成のための追加説明】**

たとえば、8 時〜12 時の予定表を 1 時間刻みで作る場合、5 行、3 列の表を挿入します。「8 時〜10 時は概要の説明」とするために、1 日目の下の 2 つのセルを列方向に選択してセルの結合を行います。そこに、内容を記述します。列幅の調整などは本文を参照して行いましょう。

<table>
<tr><td>時間帯</td><td>1 日目</td><td>2 日目</td></tr>
<tr><td>8 時</td><td rowspan="2">概要の説明</td><td>昨日の復習</td></tr>
<tr><td>9 時</td><td rowspan="3">総合演習</td></tr>
<tr><td>10 時</td><td rowspan="2">各班に分かれての作業</td></tr>
<tr><td>11 時</td></tr>
</table>

（3）付録Bにもスケジュール表の作成があります。応用的な操作や第6章のテキストボックスの利用を含んでいます。練習が進んできたら、ぜひチャレンジしてみましょう。

（4）下の例を参考にして、時間割表を作成してみよう。セルには科目名などを入力し、空いている時間は空欄とはせずに、斜線を引いておきましょう。

| | 月 | 火 | 水 | 木 | 金 |
|---|---|---|---|---|---|
| 1 | 古典文献 | 英語１ | 経済問題論 | 英語２ | |
| 2 | 国語概論 | 英会話 | 国際比較論 | 哲学入門 | 地理学演習 |
| 昼休み | | | | | |
| 3 | 歴史学演習 | スポーツ実技 | データ処理入門 | 音楽実技 | ＰＣ演習 |
| 4 | 理科実験 | | | | 教育方法論 |

**【作成のための追加説明】**

幅を揃える

- 内容を入力した後、左端の時間の列を狭くしましょう。
- 月～金の列幅は同じ幅にするとカレンダーらしくなります。
  幅が異なってしまった場合には、「1．（2）セルの選択（p.53）」の「列すべてを選択」を参考にして、月～金の列をすべて選択し、［レイアウト］タブ➔「幅を揃える」ボタンをクリックします。すると、表全体の大きさは変わらず、選択された列の幅を揃えることができます。うまくいかなかった場合には、「元に戻す（[Ctrl] ＋ [Z]）」をして、再度、選択からやりなおしましょう。
- 上の例では内容は科目名の1行だけですが、セル内で改行し、2行目以降に教員名や教室名などを入力してもよいでしょう。

# 第6章　図の挿入と編集

大きなデザイン文字や SmartArt を用いて、ワープロでチラシを作成しよう。クラブの勧誘や旅行の案内チラシなどで練習してみましょう。

図はインターネットから借用しますので、第 2 章の著作権（p.17）を復習しておきましょう。

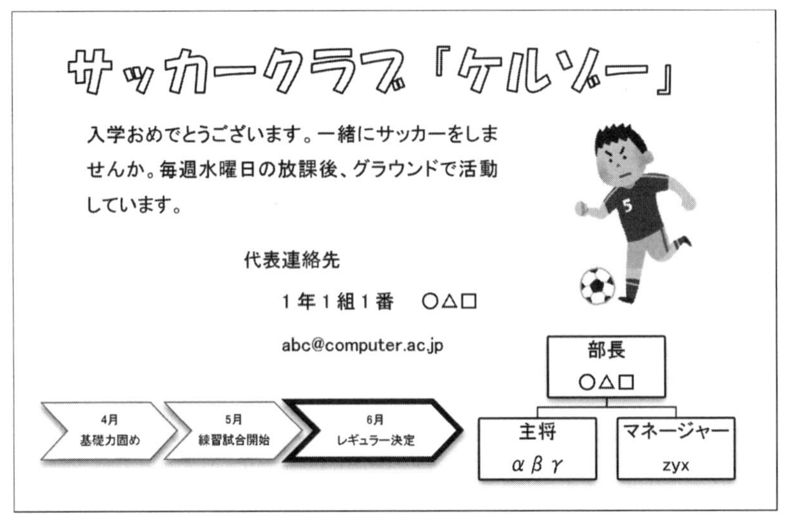


## 1．用紙の使い方

全体的なレイアウトを考えながら作業します。最初に用紙の使い方を決めましょう。

本章の例では用紙を横向きに使います。また、余白をできる限り少なくする設定を行います。最小の余白はプリンターによって決まっているため、「（1）ページ設定」を行う前に、プリンターの確認をしておきましょう（p.34「第3章　4．（1）プリンターの確認」）。

### （1）ページ設定

用紙のページ設定をするために、［レイアウト］タブ➔［余白］ボタン➔［ユーザー設定の余白］をクリックします。ページ設定の［余白］タブの内容が現れます。

**■　横向き　■**

「印刷の向き」の［横］をクリックします。

**■　余白を最小にする　■**

次の方法で設定できます。

① 上下左右の余白をすべて 0 にして［OK］ボタンをクリックします。

② 0 では小さすぎるという意味のエラーメッセージが表示されます。その中の［修正］ボタンをクリックします。

③　ページ設定の余白に自動的に最小となる数値が入力されるので、確認の後、再度［OK］ボタンをクリックします。

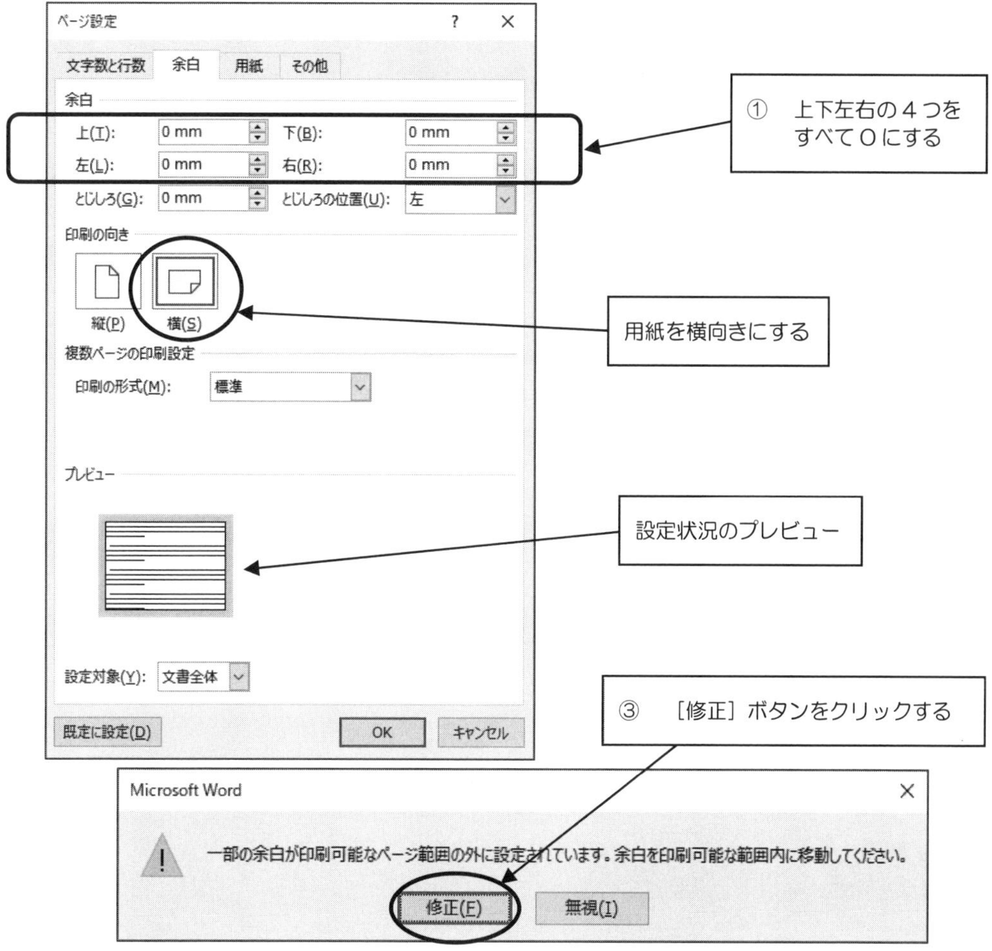


■　**注意**　■

プリンターの印刷限界である最小限の余白です。図などが余白にはみ出していると、印刷されずに欠けてしまいますので、図などの位置には注意してください。

プリンターによっては、独自の設定によって余白なく印刷できるものがあります。プリンターの説明書をよく読んで設定してください。

## （２）画面表示とレイアウトの調整

用紙全体を見えるようにして、文字や図のレイアウトを考えながら作業を進めましょう。

## （３）改行

ワードアートや画像を入れる場所にはカーソルが必要です。あらかじめ5～6個の改行を入れておきます。作業途中で改行が足らなくなったら、カーソルを最終行に移動させてから（［Ctrl］キーを押しながら［End］キーを押す）、［Enter］キーで改行します。

## 2．ワードアート

文字やスタイルは全体の調子を見ながら簡単に変更できますから、気楽に操作を進めていきましょう。

◆◇◆　練習　◆◇◆

サークルの名称や呼びかけの言葉など、チラシの中で一番目立つタイトル文字をワードアートで表現しよう。

装飾して、チラシの中での位置を調整しよう。

### （1）ワードアートの挿入

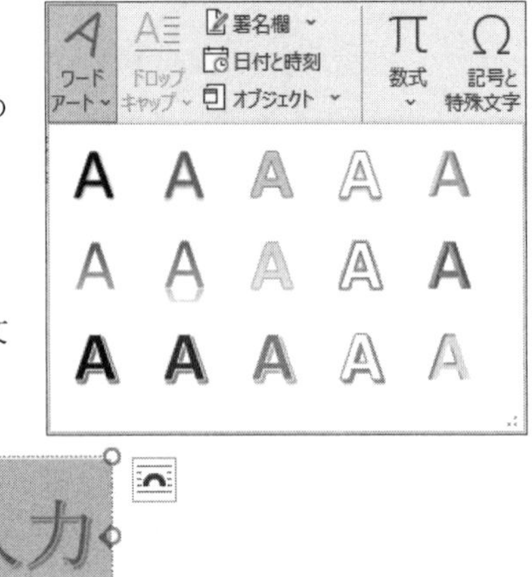


ワードアートはカーソルのある位置に挿入されます。カーソルの位置を確認しておきます。

① ［挿入］タブ➔［ワードアート］ボタンをクリックします。

② 表示される一覧から１つをクリックします。

③ カーソル位置に「ここに文字を入力」と表示されるので、文字を入力します。

ここに文字を入力

クリックすると、周りに ○ のハンドルが現れ、選択された状態になります。［図形の書式］タブが右端に現れます。

### （2）文字編集

通常の文章と同様の操作で文字編集ができます。

枠の内側をクリックしてカーソルが現れたら編集可能です。文字列をドラッグして選択した後、文字サイズ変更、フォントの変更など、通常の文字飾りと同様に行います（p.38「６．文字飾り」）。

文字のサイズが変わると、枠の大きさはそれに従って変化します。

### （3）ワードアートの装飾

ワードアート全体の選択は、周りの四角い枠をクリックします。内側をクリックしてカーソルが点滅している状態では装飾を変更することはできません。細い枠線のクリックが難しいようなら、マウスで文字すべてを選択してもよいでしょう。

右端の［図形の書式］タブをクリックします。「図形のスタイル」グループは四角い枠全体の書式、「ワードアートのスタイル」グループは文字の書式の変更です。

デザインの変更もできます。［文字の塗りつぶし］では文字の色、「文字の輪郭」では文字の枠取りの色や太さを変えることができます。「文字の効果」では影を付けたりぼやかしたりすることができます。印刷することを考えて装飾しましょう。

［文字列の方向］では、縦書きに変更することもできます。

### （4）移動

ワードアートを選択した後、周りの四角い枠線にマウスを合わせると十字の矢印 ✥ になり、ドラッグすると移動します。

### （5）回転

ワードアートが選択されているとき、中央上に丸い矢印のハンドル が現れます。このハンドルをドラッグすると文字を回転させることができ、斜めに文字を配置させることができます。

### （6）削除

ワードアートの周りの四角い枠線をクリックして、枠線が実線になっている状態で［Delete］キーを押すと削除できます。

### （7）文字列の折り返し

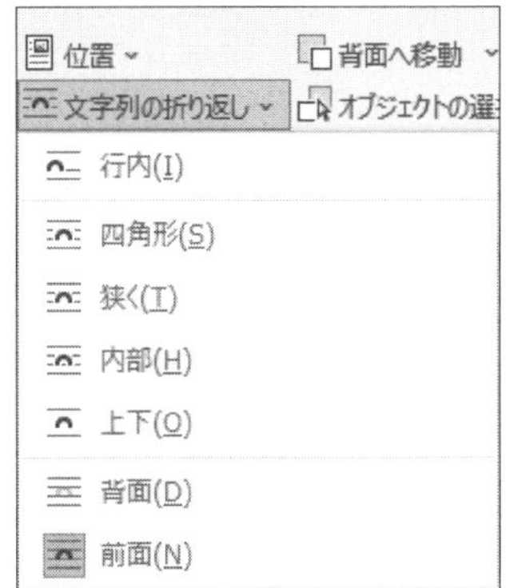


ワードアートだけでなく、Smart Art や画像でも文字列の折り返しを使います。図形を扱うときの基本的な操作です。

「文字列の折り返し」の操作は、いくつかの方法が用意されています。ワードアートをクリックして選択してから操作を行います。

- ［図形の書式］タブ➔［文字列の折り返し］ボタン
- 右クリックして出るメニューから［文字列の折り返し］
- ワードアートの右上にある［レイアウトオプション］ボタン

選択肢が現れます。主に次のものを使いこなせるようにしましょう。

- **［行内］**：通常の文章の中に入り、同様に扱われます。
- **［四角形］**：文章が図を四角の範囲でよけるようになります。
- **［上下］**：図の左右には文章が入らないようになります。
- **［前面］**：図が文章と重なり、図は文字の上になります。ワードアートはこの状態で出てきます。

本章の例のような文字の少ないチラシの作成では最初のままの「前面」がよいでしょう。

ワードアートを通常の文章と同時に扱う場合、文章と重ならない「四角」にすると扱いやすくなります。テキストボックスに入っている文章とは重なりますので、注意が必要です。

特殊な文書を作り、文章の一部分だけをワードアートを用いて目立たせる場合には「行内」にして、通常の文章の中に入れるとよいでしょう。

## 3. Smart Art

Smart Art という図形作成の機能を利用して、サークルの組織図、作業の流れ図などを作成しよう。

◆◇◆　練習　◆◇◆　2種類の Smart Art を試してみましょう。たとえば、連絡網（組織図）、スケジュール（プロセス）など。中の図形の数を少なめにして練習するとよいでしょう。

### （1）図形の選択

① ［挿入］タブ➔［Smart Art］をクリックすると、［Smart Art グラフィックの選択］ウィンドウが表示されます。

② 種類をクリックして選択すると説明が右側に表示されるので、それを参考にし、決定したら［OK］ボタンをクリックします。

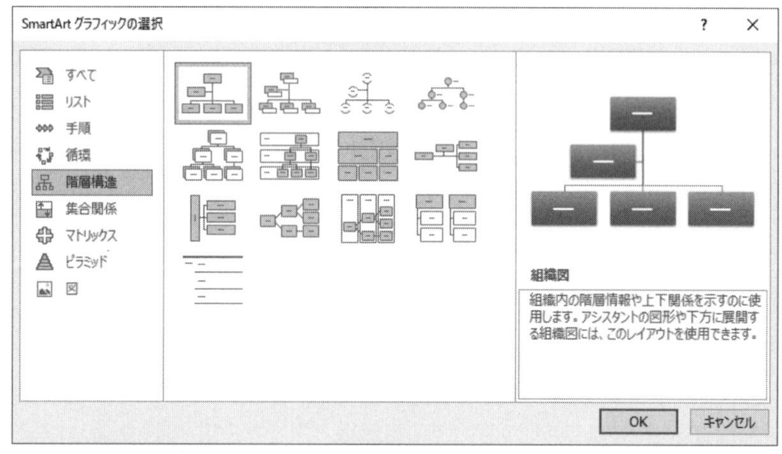


ここの例では、「階層構造」の中の「組織図」で解説します。

Smart Art の操作は Smart Art の［デザイン］タブと［書式］タブで行います。まずは場所や大きさ、必要な図形を整え、最後に文字を入力します。

### （2）文字列の折り返しと移動

枠線をドラッグして移動します。文字列の折り返しが「行内」になっているため、表示直後は自由には動きません。Smart Art を自由に動かせるようにするためには、文字列の折り返しを変更する必要があります。前ページ「（7）文字列の折り返し」を参照しよう。

枠線（あるいは枠内の何もないところ）をクリックした状態で、右端の［書式］タブ➔［文字列の折り返し］ボタンをクリックするか、SmartArt を右クリックして［文字列の折り返し］をクリックするか、右上のボタンをクリックします。

「前面」または「四角」にするとよいでしょう。

移動させるときは、周りの四角い枠線をドラッグします。次の大きさの変更をしながら、位置と大きさを整えます。

### （３）大きさ変更

枠のハンドルの部分にマウスを重ねると⤡になります。ドラッグすると全体の大きさが変わり、中の図形の大きさもそれに合わせて変わります。

角のハンドルを用いると、縦と横の大きさを同時に調整することができます。

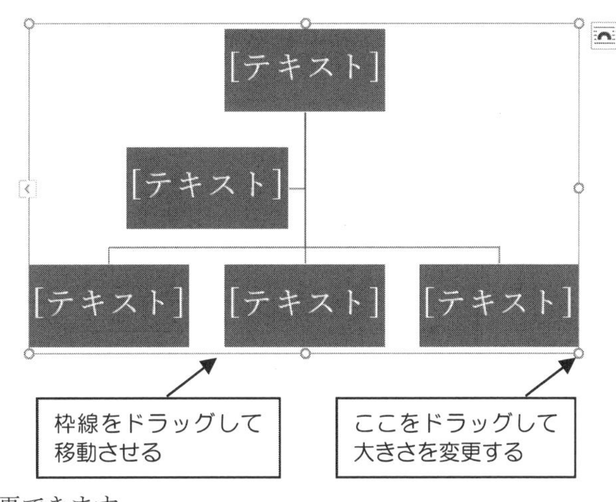


### （４）デザインの変更

「Smart Art のデザイン］タブをクリックします。「Smart Art のスタイル」グループを利用すると、全体の色合いや３－D 効果などを変更できます。

１つ１つの図形について色を変える場合には［書式］タブに切り替え、「図形のスタイル」グループで設定します。

■　文字と図形のコントラスト　■

白黒プリンターで印刷することを想定している場合には、図形を塗りつぶしている色と文字の色のコントラストがあるようにします。たとえば、水色の塗りつぶしに白色の文字では、印刷すると文字が読みづらくなります。図形は白抜き、文字は黒にするといいでしょう。

### （５）図形の追加と削除

表示させた直後は枠内に５つの図形がありますが、実際の組織に合わせて変更する必要があります。

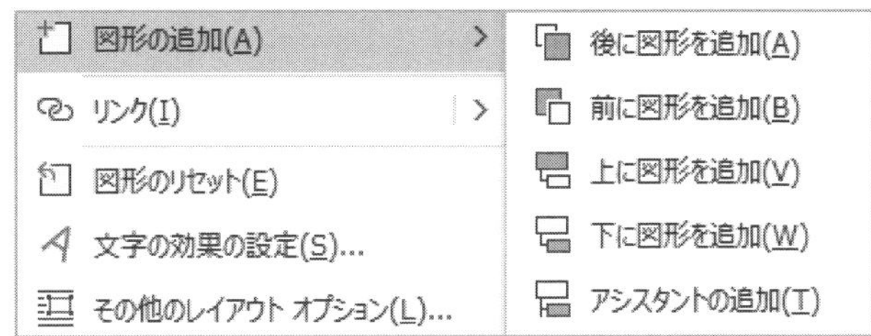


- **図形の追加**：図形を右クリックし、［図形の追加］の中から、方向を選んでクリックします。選んだ図形がどこに追加されるか試してみましょう。
- **図形の削除**：削除する１つの図形の枠線をクリックし、カーソルが出ていない状態で［Delete］キーを押します。

### （６）文字の入力

図中の［テキスト］をクリックして文字入力します。文字数や行数によって文字の大きさは自動的に調整されます。

自分で文字の大きさを変更すると、大きさが固定されてしまい、自動調整されなくなります。Smart Art 全体の大きさを変えるとバランスが崩れてしまいます。文字の大きさを手動で変更するときには、Smart Art 全体の大きさを確定した後に行うとよいでしょう。

### （７）Smart Art の削除

全体の枠線をクリックし、［Delete］キーを押します。

## 4．テキストボックス

テキストボックスを利用すると、文字（文章）を自由にレイアウトすることができます。ワードアートは目立つ題字のようなものに使い、テキストボックスは説明文を書くために使うとよいでしょう。

◆◇◆　練習　◆◇◆　テキストボックスを使って、サークル活動の内容や連絡先などを説明する文章を書きましょう。

### （1）テキストボックスの表示

① ［挿入］タブをクリックします。

② 「テキスト」グループにある［テキストボックス］ボタンをクリックし、下方にある［横書きテキストボックスの描画］をクリックします。

あらかじめデザインされているものがたくさん表示されていますが、ここではデザインの付いていないものを用います。

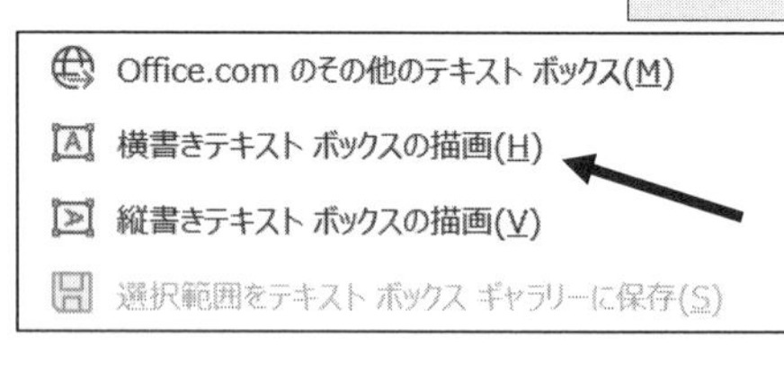


③ 四角い枠を作成するために、適当な場所で左上から右下へドラッグしてテキストボックスを表示させます。

### （2）テキストボックスへの文字入力

枠内をクリックすると、中にカーソルが現れますので、文字を入力します。枠の中では通常の文章と同じ扱いができますので、文字飾り、段落設定などもできます。

■　文字の大きさと行間　■

チラシを作成している場合、ワードアートに比べてテキストボックス内の文字が小さいので、少し大きくすると読みやすくなります。14pt 程度にしてみましょう。フォントを変えてもいいでしょう。

文字を大きくすると、行間が空いてしまいます。テキストボックス内の文字をすべて選択した後、段落の設定画面（p.40）を表示させ、「固定値」にして行間調整しましょう。

［1ページの行数を指定時に文字を行グリッド線に合わせる］のチェックを OFF にすると、最小の行間に詰めることができます。

### （3）デザインの変更

テキストボックスを選択している状態で、右端の［図形の書式］タブをクリックします。

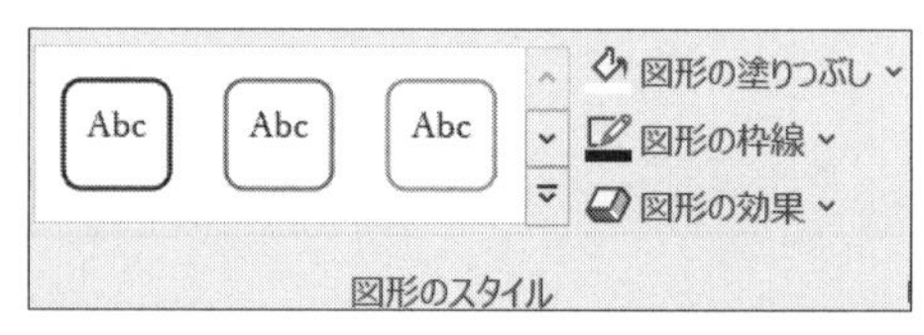


枠の中の色は［図形の塗りつぶし］によって色を変更します。枠の線は［図形の枠線］で色や太さなどを変更します。［図形の効果］には影や 3−D 効果などがあります。「Abc」と書かれた白抜きで黒い文字のスタイルが準備されています。それを用いてもよいでしょう。

ワードアートのスタイルも表示されていて利用できますが、小さい文字では枠取りなどの飾りは読みにくくなるので、テキストボックスの中では利用しないほうがよいでしょう。

図形の枠線を「枠線なし」にすると、図形枠を見えなくすることが可能です。

### （４）枠の大きさ変更や移動

ワードアートやSmart Art同様、周りのハンドルをドラッグすれば大きさ変更、枠線をドラッグすれば移動できます。マウスの形をよく見て操作しましょう。

### （５）文字の上下の配置

枠の縦の長さに余裕があるとき、枠の中での文字の上下の位置を調整することができます。

［図形の書式］タブ➔［文字の配置］をクリックすると、右図のボタンで位置を変更することができます。

「上下中央揃え」にするとバランスよく配置できます。枠の大きさを調整しながら文字の配置を考えましょう。

### （６）テキストボックスの削除

枠線をクリックして選択している状態で、［Delete］キーを押します。

テキストボックスの中をクリックすると、中にカーソルが表示され、［Delete］キーでは文字が消えるだけになり、テキストボックスは消えません。

### （７）テキストボックスの詳細設定

テキストボックスの枠線を右クリックして出るメニューの一番下［図形の書式設定］を選択すると、画面の右方に詳細な設定項目が現れます。どのような設定があるか、見てみましょう。

たとえば、枠線と文字の間隔を調整するためには、「図形のオプション」を選択し、右端のボタンを選択します。左余白～下余白の数値を変更すると、その間隔を設定できます。

［テキストに合わせて図形のサイズを調整する］をクリックしてチェックをONにすると、自動的にテキストボックスの高さが変わります。

その他の設定内容も試してみましょう。

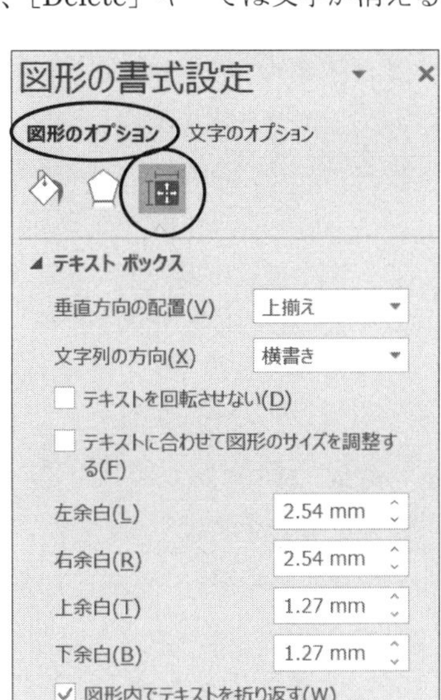


### （８）図形枠へのテキスト入力

四角い枠だけではなく、さまざまな図形に文字を入れることができます。

①　［挿入］タブ➔［図形］ボタンをクリックし、その中から図形を選択し、テキストボックス同様、左上から右下へドラッグします。

②　［図形の書式］タブの「図形のスタイル」で白抜きの図形、黒い文字のスタイルを選択しましょう。

③　図形を右クリックして［テキストの追加］をクリックするとカーソルが現れますので、文字入力ができます。

四角ではないテキストボックスとして、工夫次第でさまざまな使い方ができることでしょう。

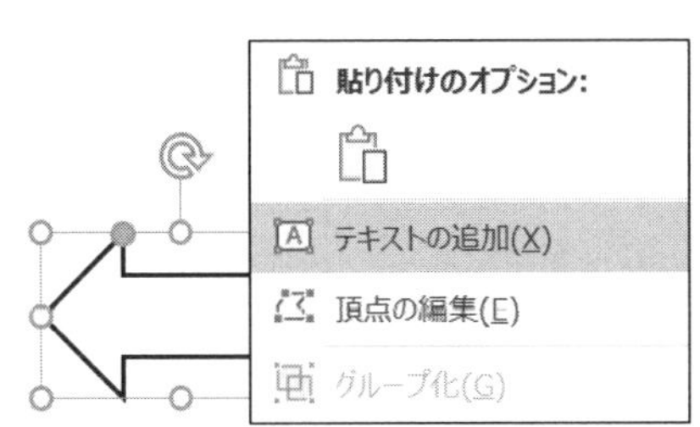

## 5．画像の挿入

インターネット上に無料で提供されている画像素材を利用しましょう。「フリー　画像」や「無料　素材」のように検索すれば、該当するサイトが現れます。

それぞれのサイトにおいて、「利用規約」を確認してから利用します。提供されているものの多くは「営利目的でない限り利用可能」と書かれていることでしょう。なかには 1 つのサイトで有料のものと無料のものが分けられている場合もありますので、有料のものを誤って使わないよう、注意が必要です。

利用規約がない画像については原則的にチラシなどへの利用はしてはいけません。学生が教員へ提出するレポートなどは非公表のものなので、ホームページアドレスを掲載して画像を利用すれば引用として扱われることでしょう。しかし、チラシやポスターのように、公表し、不特定多数が目にする機会がある場合には、画像の所有者（作成者）に掲載許可を取らない限り、利用してはいけません。利用規約がない場合には、作成物の利用方法や公開範囲を考えて、許可される画像かどうか、判断しましょう。

◆◇◆　練習　◆◇◆　作成しているチラシに関連する画像を挿入しよう。

### （1）画像のコピー（復習）

第 2 章で学んだ方法を使います。

① 検索サイトを利用して使える素材画像を探します。利用規約を確認しましょう。
② 使いたい画像にマウスを重ねて右クリックし、［画像をコピー］をクリックします。
③ Word に切り替えて、貼り付け操作（［Ctrl］＋［V］）を行います。
④ 利用規約が書いていない場合には、出典を示すために、URL をコピーします。
⑤ Word に切り替えて、テキストボックスを出し、その中に URL を貼り付けておくとよいでしょう。

■　注意　■

画像を貼り付けたら、すぐに「（2）文字列の折り返し」を行い、大きさ変更や移動をしやすい状態にしましょう。

### （2）文字列の折り返し

図とテキストの位置を調整しやすい状態にしましょう。ワードアートや Smart Art と同じ操作です。

図をクリックすれば、右上方に［文字列の折り返し］ボタンがあらわれます。挿入した画像は「行内」になっています。「前面」や「四角」などに変更して、自由に移動できるようにしましょう。

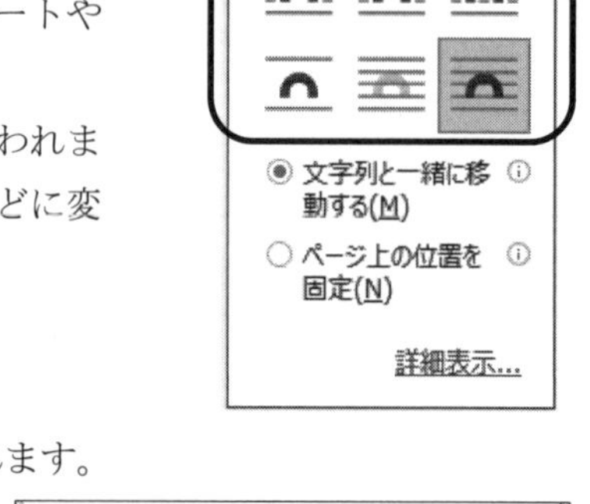

### （3）画像の重なり

2 つの画像を重ねたとき、どちらかが前面になり、他方が一部隠れます。

前後関係を変えたいときには、前面になっている画像のところで右クリックし、［最背面へ移動］をクリックすれば入れ替わります。

### （4）「アイコン」の画像

［挿入］タブ➔［アイコン］ボタンをクリックします。ステッカーやイラストに使いやすい画像があります。この画像は Microsoft から提供されています。Word だけでなく、Excel や PowerPoint でも利用できます。

パッケージ版の Office ではアイコンのみの利用となり、ステッカーやイラストを使えるのは、Microsoft365 で提供される Office に限られます。

画像　アイコン　人物の切り絵　**ステッカー**　イラスト

### （5）大きさ変更・移動・回転・削除

ワードアートや Smart Art 同様、周りのハンドルをドラッグすれば大きさ変更、図自体をドラッグすれば移動できます。マウスの形をよく見て操作しましょう。

大きさを変えるとき、辺にあるハンドルをドラッグすると縦横比が変わってしまうので、角のハンドルを使うようにしましょう。

画像が選択されているとき、上にある丸い矢印のハンドル をドラッグすると、回転します。

画像が選択されているとき、［Delete］キーを押すと、削除できます。

## ６．印刷時のチェック事項

次のことを確認してから印刷するようにしましょう。

- 用紙 1 枚に収まっているか確認しよう。画面左下に「1/1 ページ」と表示していれば OK です。「1/2 ページ」だと 2 ページ目がありますので、2 ページ目の内容を削除しましょう。
- ［Ctrl］＋［P］で印刷プレビューを出しましょう。印刷イメージをしっかりと確認します。用紙の端にはわずかに印刷できない領域があります。その領域に図が入っていたら、作成中は見えていても、印刷イメージでは欠けています。余白付近をよく確認しましょう。
- 全体的なレイアウト、バランスはうまくできているか見直しましょう。
- 印刷を実行したときに次のようなエラーメッセージが出ることがあります。［はい］ボタンをクリックすれば、印刷することができます。

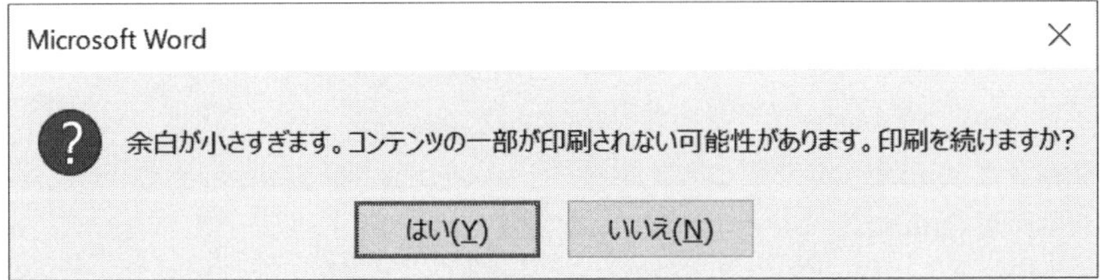


- 印刷されたものと画面を比較してみましょう。思いどおりに印刷できているか確認しましょう。

=== 練習問題 ===

本章での作成要領で、チラシやポスターを作成してみよう。

例：クラス会の案内、自分が所属する学校の紹介、行ってみたい場所の解説、文化祭等の催し物の案内

# 第７章　ワープロでの図の作成

第 6 章では、あらかじめ用意された図形や画像を使いました。本章では、自分で線をつないだり、図形を組み合わせたりして図を描いてみましょう。地図を描いて練習します。紙に下書きを描いてから、コンピューターで作業を始めるようにすると効率よく描けることでしょう。

好きなお店周辺の地図や現在いる場所の周辺の地図を描いてみてください。

## １．図形を描く前に

### （１）用紙の確認

用紙の中でどの範囲に地図を描くのかを考えておく必要があります。それによって、用紙の使い方が左右されることがあります。ページ設定はp.34～35 を参照して設定しましょう。

作業を開始する前に、改行を 5～6 個入力しておきましょう。

### （２）グリッド線の設定と表示

薄い方眼線を表示しておくと、細かい図を描きやすくなります。この線は印刷されません。

［レイアウト］タブ➔［配置］➔［グリッドの設定］をクリックすると、グリッド線の設定画面が現れます。

まずは、グリッド線の間隔を設定します。「グリッド線の設定」で「文字グリッド線の間隔」（縦線の間隔）と「行グリッド線の間隔」（横線の間隔）を細かくしてみましょう。日本語入力を OFF にして、「1 mm」と入力すると、1 mm 間隔に設定できます。完全に正確というわけではありませんが、目安としては十分に利用できます。

次に、グリッド線の表示を設定します。グリッド線は何本かに 1 本を表示するようにします。［グリッド線を表示する］をクリックしてチェックを ON にし、さらに［文字グリッド線を表示する間隔］もクリックしてチェックを ON にします。5 本間隔（5mm）や 10 本間隔（10mm）で表示すればよいので、数値を設定します。

図形作成が終わり、表示したグリッド線を見えなくするときには、［図形の書式］タブ➔［配置］➔［グリッド線の表示］をクリックしてチェックを OFF にします。または、［表示］タブにある［グリッド線］のチェックをクリックして OFF にします。

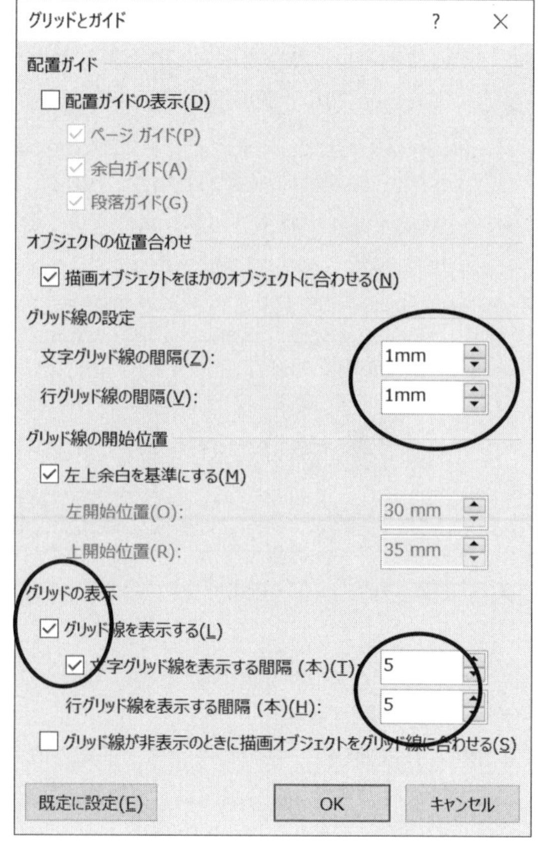

## 2．図形の描画

図形を描き、変更などの操作方法を解説します。図形を組み合わせて信号を作成します。その後、道路は線で表現します。建物名などを示すためには文字入力も必要です。

### （1）図を描く範囲

用紙の一部分に図を描くとき、範囲を決めておいたほうがいいでしょう。大きな四角を描き、その中に描くようにします。

◆◇◆　練習　◆◇◆　図を描く範囲を決めましょう。

次の（2）～（4）を参考にして、「正方形／長方形」または「四角形：角を丸くする」で図を描く範囲の枠を作ります。小さすぎると描きにくいので、用紙の半分程度の大きさにしておきましょう。

枠だけが必要なので、図形の塗りつぶしを「塗りつぶしなし」にして、枠内にグリッド線が見えるようにします。

### （2）図形の描き方

［挿入］タブ➔［図形］ボタンをクリックして、描く図形を選択します。すでに描いた図形を選択しているときに表示される［図形の書式］タブのリボン左端には「図形の挿入」グループがあり、そこからも基本的な図形が選択できます。

描く図形をクリックしてマウスポインターが、＋ となっているときにマウスをドラッグすることによって描きます。

［Shift］キーを押しながら描くと、線は決まった角度に向かって伸ばすことができます。図形は縦横比が同じ図形（正方形や円など）が描けます。

### （3）大きさ変更・移動・回転・変形・削除

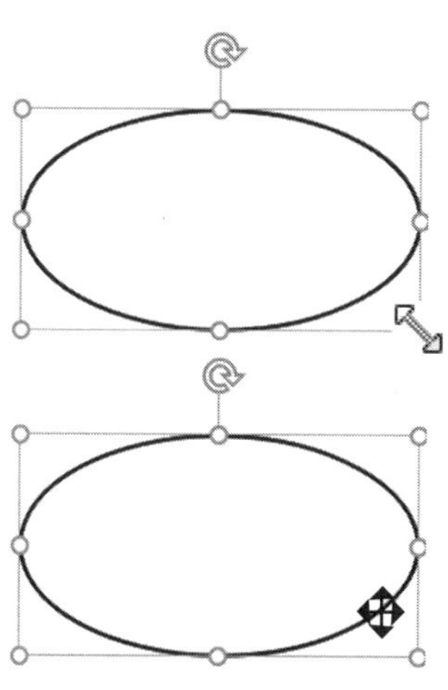

図形をクリックすると、周りが枠で囲まれて角と辺に○（ハンドル）が現れ、選択されていることを意味します。

ハンドルにマウスを合わせると ⤡ になり、そのときにドラッグすると、図形の大きさが変わります。［Shift］キーを押しながら角のハンドルで大きさを変えると、縦横比を保つことができます。

図形上（または図形の枠、ハンドル以外の部分）にマウスを合わせると ✥ になり、そのときにドラッグすると、図形が移動します。

図形上部の丸い矢印のハンドルにマウスを合わせると、円形のポインター ↻ になり、そのときにドラッグすると、図形が回転します。

図形によっては黄色のハンドルが付いているものがあります。図形の角を丸くしたり矢印の幅を変更したりするなど、図を変形させるのに使われます。

図形を選択して［Delete］キーを押すと、図形は削除されます。

### （4）図形書式の変更

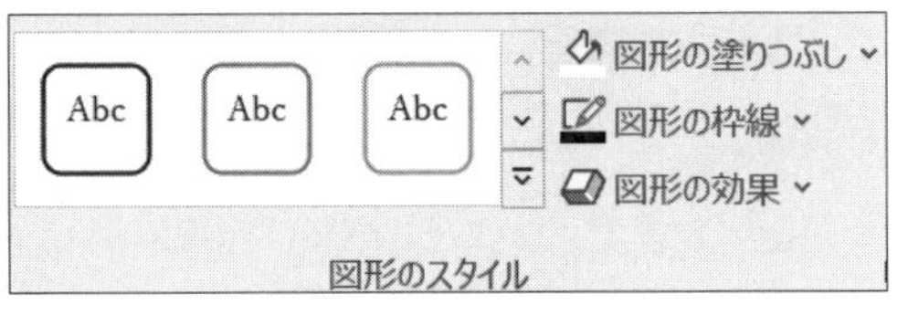


図形を選んだ状態にして、［図形の書式］タブをクリックします。「図形のスタイル」グループを利用します。

［図形の塗りつぶし］ボタンをクリックすると、塗りつぶしの色が変更できます。

［図形の枠線］ボタンをクリックすると、枠線（あるいは直線）の太さや種類、色の変更などをすることができます。

左側の「Abc」と書かれたスタイルを利用すると簡単に白抜きの図形にすることができます。

◆◇◆　練習　◆◇◆　信号になる 3 つの円を描こう。

➢　3 つの円の描画

図を描くために作った枠線の中に、同じ大きさの円を 3 つ描きます。楕円にならないように、［Shift］キーを押しながら円を描きます。

同じ大きさに描くのが難しい場合には、1 つ円を描いて、それをコピーして、2 つ貼り付けるとよいでしょう。操作は文字での方法と同じコピー（［Ctrl］＋［C］）と貼り付け（［Ctrl］＋［V］）です。もしくは、1 つの円を選択している状態で、［Ctrl］＋［D］とすると、複製を作ることができます。

➢　3 つの円の色の設定

1 つずつ選択し、［図形の塗りつぶし］をクリックして、黄、緑、赤の色にします。枠線は［枠線なし］にしてみましょう。

色を付けた後、立体感を出すために［図形の塗りつぶし］でグラデーションを付けたり、［図形の効果］で影を付けたりしてもよいでしょう。

## 3．図形の配置

### （1）配置／整列とグループ化

信号になるように 3 つの円の位置を調整します。マウスで移動させてもある程度は整えることはできるでしょうが、ここでは正確に並べる方法を説明します。

さらに、複数の図形を 1 つの図形としてまとめて扱えるように、グループ化を行います。

**■　オブジェクト（図形）の選択　■**

図形 1 つを選択している状態で、［Shift］キーあるいは［Ctrl］キーを押したまま、2 つ目以降をクリックしていきます。すると、次々に選択されていき、ハンドルが表示されていきます。

［ホーム］タブ右端の［選択］ボタンの中の［オブジェクトの選択］をクリックすると、マウスポインターが白抜きの矢印になります。ドラッグして囲んだ図形を複数選択することができます。通常の I 型のポインターに戻すためには［Esc］キーを押します。

◆◇◆　練習　◆◇◆　3 つの円を整列させて、グループ化しよう。

3 つの円を左から、緑、黄、赤の順に信号になるように並べます。きれいに揃えるために、次ページの配置／整列を参考にして、3 つの円を選択した状態で「左右に整列」と「上下中央揃え」をしましょう。

さらに、次ページのグループ化を参考にして、3 つの円を選択した状態で、グループ化を行います。

■　配置／整列　■

不規則に並んだ図形を規則的に並べることができます。並べる図形をすべて選択している状態で、［図形の書式］タブ➔［配置］をクリックします。選択肢から縦一列に揃えるのか、横一列に揃えるのか、均等の間隔で整列させるのか、などのメニューから揃える方法のところでクリックします。

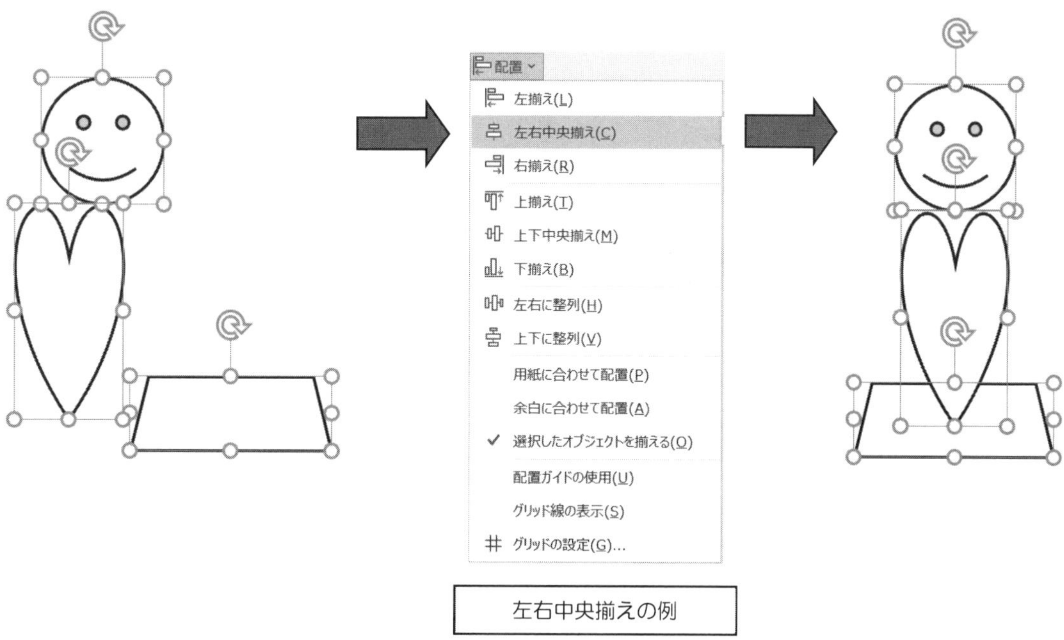


左右中央揃えの例

■　グループ化　■

図形を揃えたら、バラバラにならないようにすぐにグループ化しましょう。

まとめる図形をすべて選択している状態で、図形の上で右クリックして［グループ化］➔［グループ化］をクリックします。逆に、バラバラに戻すためには同様の操作で［グループ解除］をクリックします。

［図形の書式］タブにも［グループ化］ボタンがあります。

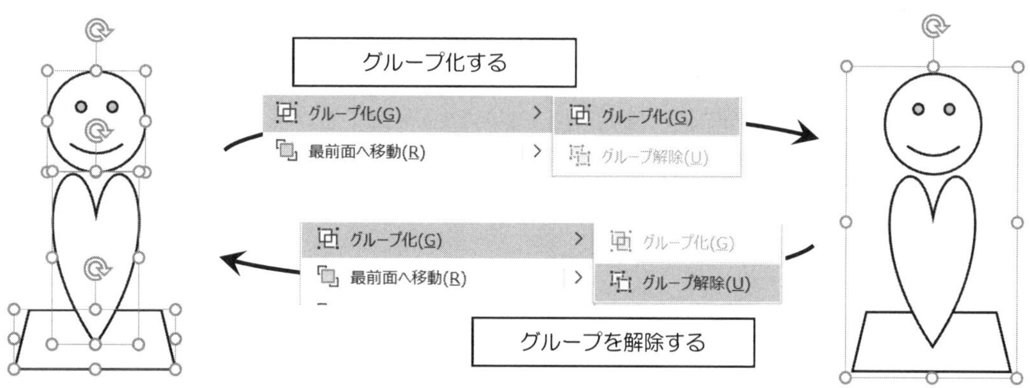


グループ化したものを大きさ変更するときは、縦横比を変えないように、［Shift］キーを押しながら角のハンドルを動かすようにしましょう。

### （2）順序の入れ替え

図形は描いていく順番に従って上に重なっていきます。たとえば、楕円を描いてから三角を描くと三角が上に重なります。描画後にその重なり方を変えることができます。

下の例では三角に注目した操作です。「三角を（楕円の）後ろ（背面）にする」と考えるので、三角を右クリックし、［最背面へ移動］をクリックしています。

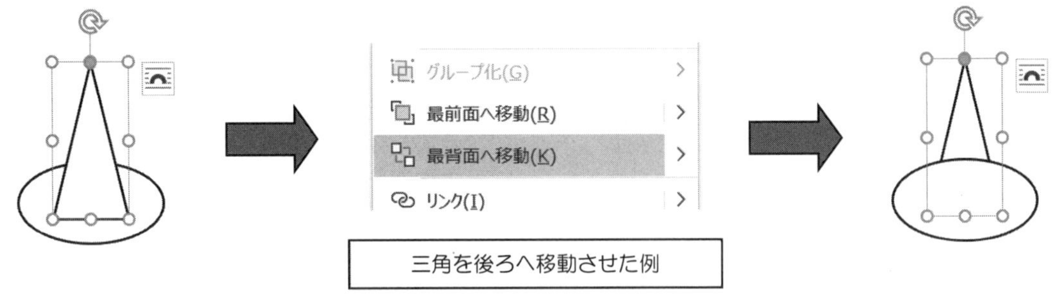


三角を後ろへ移動させた例

図形が3つ以上ある場合には、［最背面へ移動］からさらに右に出るメニューの［背面へ移動］を使うと、順番を1つだけ変えて重なり方を調整することができますが、注目する順序を工夫して［最背面へ移動］だけを利用するほうがよいでしょう。

◆◇◆　練習　◆◇◆　信号の3つの円に枠を作って、仕上げましょう。

［挿入］タブ➔［図形］ボタン➔ ▢［四角形：角を丸くする］をクリックして、信号の3つの円を覆うように図形を描きます。

オレンジ色のハンドルをドラッグして両端をさらに丸くします。

さらに、順序を入れ替え、最背面へ移動します。3つの円と枠を選択し、グループ化します。

［Shift］キーを押しながら、大きさを整え、信号ができあがります。信号を2つ以上使う場合、完成したものをコピーして利用しましょう。

## 4．地図の作成

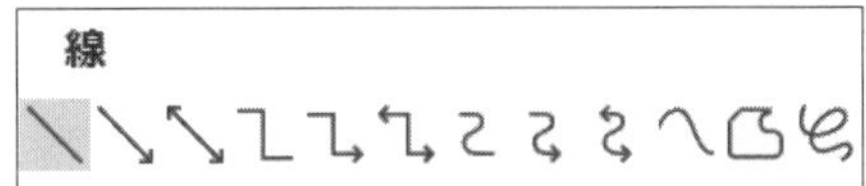


### （1）線の描画と書式

線は［挿入］タブ➔［図形］ボタン➔［線］を使って描くことができます。ドラッグして線を描きます。曲線やフリーフォームはドラッグやクリックによって描き進め、最後にダブルクリックします。

［図形の書式］タブ➔［図形の枠線］を利用して、線の太さや線種の変更などを施すことができます。

◆◇◆　練習　◆◇◆　直線で道路を表現してみよう。幅の広い道路は線を太くして表現してみましょう。［図形の書式］タブ➔［図形の枠線］をクリックして、線の太さを変えましょう。

### （2）図形枠へのテキスト入力

描いた図形を右クリックして［テキストの追加］をクリックすると、図形の中にカーソルが現れ、文字入力ができるようになります（p.69）。

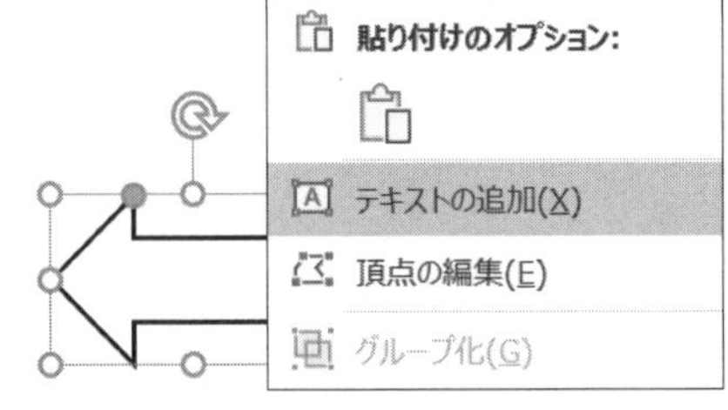

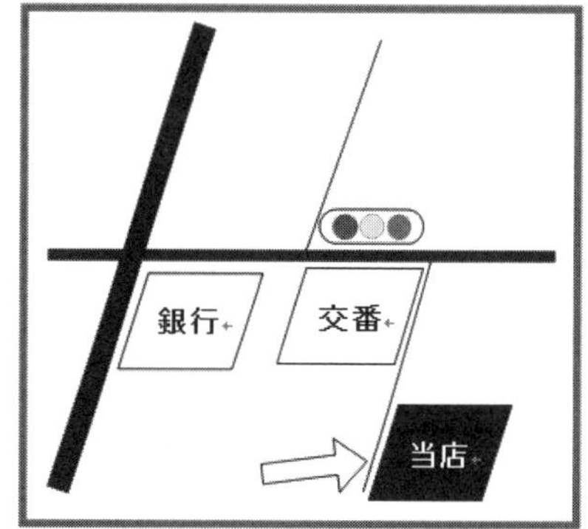


◆◇◆　練習　◆◇◆　建物の名称や目印になるポイントなど、図形を描き、文字を入力しよう。文字は入力した後、フォントやサイズを変更しましょう。

テキストボックスの操作は p.68 を参照します。細かな図になりますので、p.69「(7) テキストボックスの詳細設定」でテキストボックス内の余白を小さくするとよいでしょう。

文字の行間が開いているときや文字がはみ出てしまうときには段落の設定をします (p.40)。右クリックして、[段落] をクリックして段落の設定画面を表示することができます。[1 ページの行数を指定時に文字を行グリッド線に合わせる] のチェックの OFF を試してください。それでもはみ出る場合には、文字を小さくしたり、図形を大きくしたりしましょう。

## 5．印刷

### (1) 全体的な仕上げ

地図の説明をする文章を入力しましょう。用紙上のカーソル部分に入力してもよいのですが、テキストボックスを利用して、自由にレイアウトしてもよいでしょう。

◆◇◆　練習　◆◇◆　ワードアートでタイトル (題字) を入れよう。さらに、テキストボックスを使ってお店までの道順の説明や、地図の説明などの文章を入力しましょう。

### (2) 印刷プレビューでの確認

[Ctrl] + [P] をして、印刷プレビューを見て、確認します。

➢ ページ数は 2 ページ以上になっていないことを確認しよう。2 ページ目以降があるときは、不要な図形や空白行などを削除しましょう。
➢ ページ全体を見て、思いどおりにレイアウトできているかよく確認しよう。

### (3) 印刷結果の確認

画面と印刷されたものとを見比べ、思いどおりになっていなければ修正しましょう。

=== 練習問題 ===

(1) 現在作業している建物の配置図を描いてみよう。それとともに建物の説明を文章にまとめてみよう。不規則な形の建物の形状は、線の一種「フリーフォーム」を使って描くとよいでしょう。テキストの追加もできますが、文字の配置が難しいときには、テキストボックスを上に重ねて描き、塗りつぶしなし、枠線なしにするとよいでしょう。

(2) 第 3 章の練習問題で作成した同窓会の案内に、これまでに学習したものを取り入れてみよう。日程表の追加、表題をワードアートに変更、図の挿入や吹き出しの追加、会場までの簡単な地図の作成など、思いついたものを追加してみよう。

(3) 部屋のレイアウト図を描いてみよう。机やベッドなどを動かして、模様替えを考えてみよう。

# 第8章　データ入力と計算

表計算ソフト Excel を使って計算処理、グラフの作成、分析のための条件処理などを行ってみましょう。本書では 3 章に分けて Excel の練習を行います。

## 1. 基本事項

### （1）Excel の起動と画面の説明

p.5 を参照して、Excel を起動しよう。起動直後はテンプレートという文書形式の見本が多く表示されますが、そのまま［Enter］キーを押すと、「空白のブック」が選択されて、次のような画面となります。

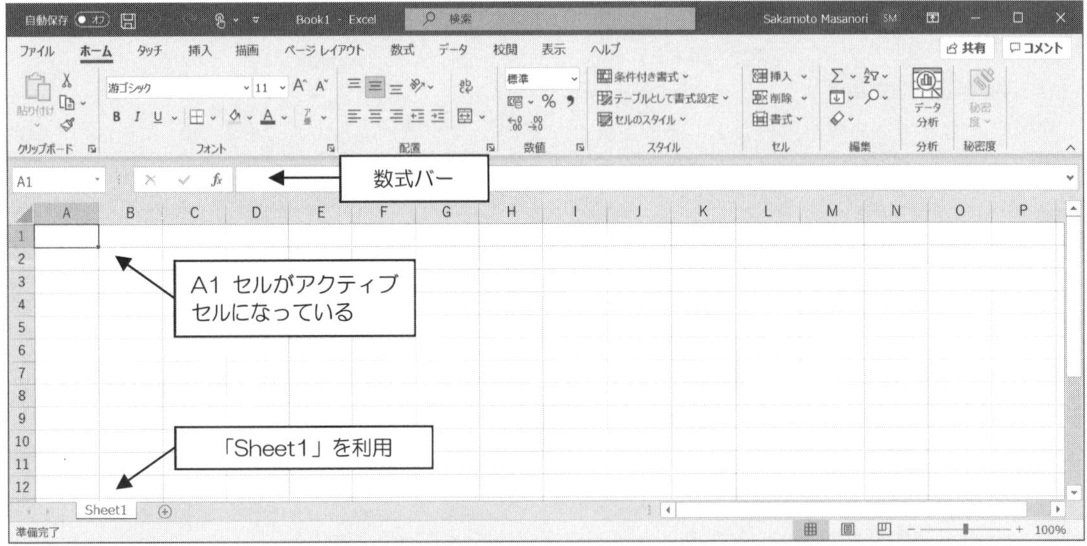


Excel は 1 枚の大きなシートの上で作業を進めます。起動直後は「Sheet1」の 1 枚だけですが、必要に応じて「Sheet1」タブの隣の ⊕ をクリックして、シートを増やすことができます。

1 枚のシートの中では、縦に A 列、B 列、…と並び、横に 1 行、2 行、…と並んだ表の形式になっています。マス目のことを「セル」とよび、それぞれのセルは列と行の番号を組み合わせて「A1」や「G5」のように表します。選択されているセルを「アクティブセル」とよび、太い線で表示されます。矢印キーでアクティブセルを移すことができます。マウスでドラッグすると複数のセルを選択できます。

入力された文字や式は「数式バー」に表示されます。数式を入力した場合、セルには計算された結果が表示されますが、数式バーには入力された式が表示されます。

**■　ページレイアウト　■**

標準　改ページプレビュー　ページレイアウト　ユーザー設定のビュー
ブックの表示

［表示］タブ➔［ページレイアウト］をクリックしてみよう。印刷用紙ごとにセルが分割表示され、ヘッダーなどの確認もできます。

しかし、セルが隣り合って表示されていない箇所があるため、作業をするときは、［表示］タブ➔［標準］をクリックして、上図の状態にしておきましょう。

### （2）キーボードの利用

データ入力をしているときはキーボードだけで操作を行うようにします。

次のキーボード操作を確認しましょう。

- 矢印キー［←］［↑］［→］［↓］での入力場所（アクティブセル）の移動
- ［Enter］キーは［↓］キーと同様に下方への移動
- ［Home］キーで先頭列（A列）への移動
- ［Ctrl］＋［Home］や［Ctrl］＋［End］、［Ctrl］＋［←］［↑］［→］［↓］での端への移動
- ［Shift］キーを押しながら矢印キーを押すことによる範囲の指定
- ［半角/全角］キーでの日本語入力ON/OFFの切り替え
- 元に戻す（［Ctrl］＋［Z］）、コピー（［Ctrl］＋［C］）、貼り付け（［Ctrl］＋［V］）、上書き保存（［Ctrl］＋［S］）、印刷プレビュー（［Ctrl］＋［P］）などのショートカットキー
- ［Ctrl］キーを押しながらマウスでの範囲選択を行うと、離れたセルを選択
- ［F2］キーで入力済みのセルを編集（機種によっては、［Fn］＋［F2］）

## 2．入力

政府統計の総合窓口（e-Stat : https://www.e-stat.go.jp/）にある「人口推計 / 長期時系列データ 長期時系列データ（平成12年～27年）」から、人口のデータを一部抜粋した表を利用して練習します。

### （1）データ入力

次に注意しながら入力しましょう。

- 図の最上部のA～C､最左部の1～12は､それぞれExcelの列番号や行番号なので入力しません。
- 日本語は、日本語入力をONにして入力します。
- A1セルの「人口の推移（千人）」はセルの幅を超えますが、気にせず入力を続けます。
- 項目名となる「年次」「男」「女」を先に入力します。数値のデータはあとでまとめて入力します。
- A3セルに「平成18年」と入力した後、次ページの「（2）オートフィル」を利用して、平成27年まで入力します。
- 入力を間違えた場合、セルの内容をすべて入力しなおすか、ダブルクリック（あるいは［F2］キー）して、部分的に修正します。
- 数値のデータ入力は日本語入力をOFFにします。原則的に上から下へ入力していきます。特に、数値の入力は大きなキーボードの場合には、右に数字の集まっているキー（テンキー）とその右下にある［Enter］キーを使うと、下方向への数値入力がすばやくできます。

入力する部分

| | A | B | C |
|---|---|---|---|
| 1 | 人口の推移（千人） | | |
| 2 | 年次 | 男 | 女 |
| 3 | 平成18年 | 62387 | 65514 |
| 4 | 平成19年 | 62424 | 65608 |
| 5 | 平成20年 | 62422 | 65662 |
| 6 | 平成21年 | 62358 | 65674 |
| 7 | 平成22年 | 62328 | 65730 |
| 8 | 平成23年 | 62207 | 65627 |
| 9 | 平成24年 | 62080 | 65513 |
| 10 | 平成25年 | 61985 | 65429 |
| 11 | 平成26年 | 61901 | 65336 |
| 12 | 平成27年 | 61842 | 65253 |
| 13 | | | |

### （2）オートフィル

A3 セルに「平成 18 年」と入力します。その下に続いて「平成 19 年」「平成 20 年」…と続くのですが、このように規則的に増えていく場合には自動的にセルを埋めるオートフィル機能を用いましょう。

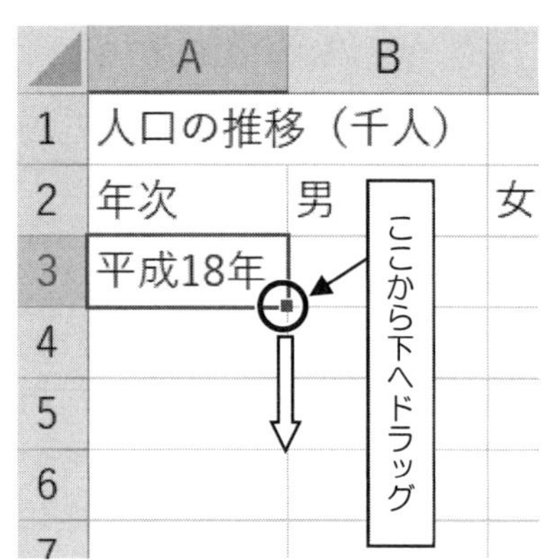


① 「平成 18 年」のセルをアクティブにします。
② セル右下の■（フィルハンドル）にマウスを合わせると＋になります。
③ ドラッグして埋めたい方向へマウスを動かします（この例では下方向へ）。
④ ドラッグ中にマウスポインターの右下に埋めていく内容が表示されますので、終わりの内容（平成 27 年）になったところでマウスのボタンを離します。

**■　規則的な変化　■**

オートフィルは日付や曜日などのように連続して規則的に変化するものにも対応しています（下左図）。後の計算処理においても、同じような計算をする場合に、オートフィルを用いると、すばやく計算することができます。

下右図のように 2 つのセルにデータが入っている場合、2 つの値の関係にしたがって自動的にセルを埋めることができます。「10」と「20」の 2 つのセルを選択し、右下のフィルハンドルを下方へドラッグしています。オートフィルにより 30、40、50 と値が増えています。

この例では内容が変化していきますが、同じ内容でセルを埋めたい場合には、［Ctrl］キーを押しながらフィルハンドルをドラッグします。

［ホーム］タブ➔［編集］グループの［フィル］には、オートフィルについてさらに詳細な方法があります。

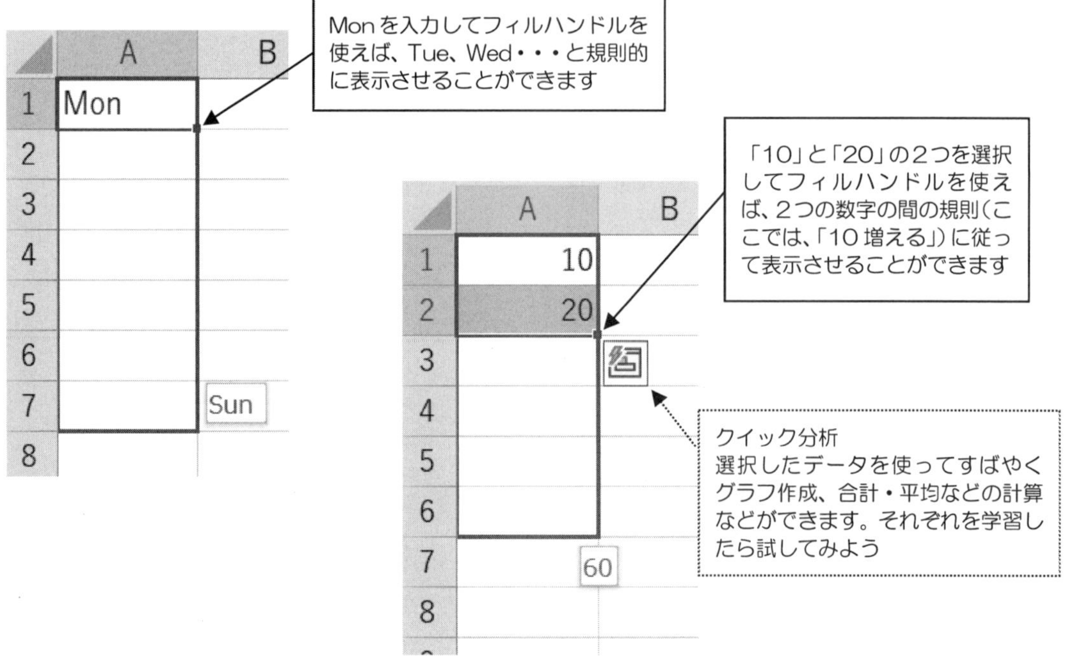

### （3）項目に関する注意事項

例での項目は、「男」、「女」さらに「平成 18 年」～「平成 27 年」です。項目はラベルともよばれます。数値はそれら項目に対応するデータであり、この表での内容となります。

内容を理解し、見やすくするために項目が重要なものになります。数値だけではそれが何を示しているのかわかりません。かならず、項目を付けましょう。

また、項目はグラフのタイトルなどに用いられることがあるため、数値データの上の 1 行、左の 1 列に項目を入力するようにします。

例では A1 セルに「人口の推移（千人)」と入力していますが、これは表のタイトルであって、表の一部ではありません。表となるのは A2～C12 のセルです。

## 3．保存

### （1）名前を付けて保存

Word での保存（p.32）と同じ手順です。

① ［ファイル］タブ➔［名前を付けて保存］をクリックします。名前が付いていないときには［Ctrl］＋［S］でも「上書き保存」にはならずに「名前を付けて保存」となります。
p.32 のように、「名前を付けて保存」の画面ではないとき、［その他のオプション］をクリックして次に進みます。

その他の場所
この PC
場所の追加
参照

② 「名前を付けて保存」の画面から、［参照］をクリックして詳細な保存画面を表示させます。

③ 「ファイル名」の欄にファイルの名前を入力します。名前を確定するときに［Enter］キーを押しすぎると、次の④の確認をせずに⑤が実行されてしまいます。

④ 保存する場所が「ドキュメント」であることを確認します。

⑤ ［Enter］キーを押します（または［保存］ボタンをクリックします)。しばらくすると、保存作業が完了します。Excel 画面上部に名前が表示されますので、確認しましょう。

### （2）上書き保存

Word 同様、しばしば上書き保存をしながら作業を進めましょう。マウスを使って［ファイル］タブ➔［上書き保存］をクリックするか、キーボードのみで［Ctrl］＋［S］で上書き保存ができます。

## 4．計算

計算における注意事項は、次の 3 点です。忘れないようにしましょう。

- かならず最初に「=」を付ける。
- 日本語入力は OFF にする。
- どのような結果が得られるか考えておき、結果が合っているか確認する。

それぞれ、計算後は結果のみが見えていますが、結果のセルを選択すると、入力した式が画面上部の「数式バー」に表示されます。セル番号や式のアルファベットには小文字／大文字の違いはありません。小文字で入力しても、確認するときには大文字で表示されます。

### （1）数値を使った計算

A20 セルから下のセルにそれぞれの式を日本語入力 OFF の状態で入力してみましょう。

| | |
|---|---|
| **=4+8** | (←和の計算) |
| **=15-7** | (←差の計算) |
| **=12*5** | (←積の計算　×ではなく「*」を使う) |
| **=60/4** | (←商の計算　÷ではなく「/」を使う) |
| **=2^10** | (←べき乗の計算　「^」を使う。この例では 2 の 10 乗) |
| **=4*(2+3)** | (←かっこを使った計算) |

**■　表示が変わってしまった　■**

「=」を忘れて「**60/4**」と入力してしまった場合、日付の形式と判断され「Apr-60」と表示されます。その後に「**=60/4**」と正しく入力しなおしても「Jan-00」と表示されてしまいます。

そのときは、［ホーム］タブにある右図の［ユーザー定義］をクリックして［標準］にすれば、計算の値が表示されます。

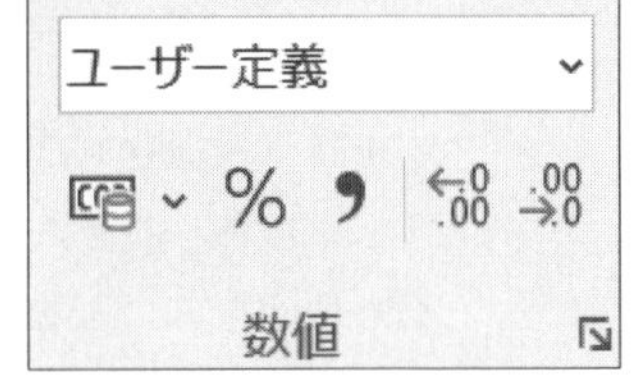


### （2）セルを指定した計算

D 列に男女の人数差を計算してみよう。女性の数のほうが多いので、「女性－男性」の計算をします。

① 項目名として、D2 セルに「男女差」と入力します。

② 日本語入力 OFF の状態で、D3 セルに「**=c3-b3**」と入力し、［Enter］キーを押します。

③ D 列の残りのセルも同じように計算するため、オートフィルを活用して D3 セルのフィルハンドルを下方向へ D12 セルまでドラッグします。

ドラッグの代わりに、D3 セルのフィルハンドルをダブルクリックしてもいいでしょう。

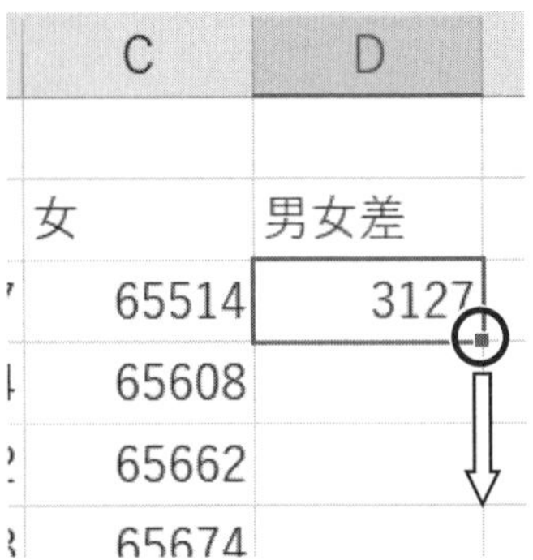


同じような計算を行う場合（③のオートフィルなど）、実際の数値を使わないので、式をコピーするだけでセル番地がずれていき、計算を実行することができます。D12 セルの式を数式バーで確認しましょう。

データの入力ミスを見つけた場合、データを修正すれば、計算結果が自動的に修正されます。

### （3）関数の利用

「どこからどこまでのデータを使って合計を求める」というとき、関数を用いると、そのデータの範囲を指定して計算を実行することができます。ここでは例として、男と女の人口の合計（sum）を計算してみます。

E3セルに、B3セル～C3セルの範囲の合計を、関数「sum」を用いて計算します。

① 項目名として、E2セルに「総人口」と入力します。

② 日本語入力OFFの状態で、E3セルに「 **=sum(b3:c3)** 」と入力します。
「b3:c3」のキーボード入力の代わりにマウスで範囲を選択しても入力されます。

③ ［Enter］キーを押すと、計算結果が表示されます。

④ E3セルのフィルハンドルを下方向へE12セルまでドラッグします。

◆◇◆　練習　◆◇◆　平均を計算してみよう。

A13セルに「平均」という項目名を入力します。B13セルに、計算対象となる男のデータB3セル～B12セル（b3:b12）について、平均を求めるaverage関数を用いて計算してみよう。上の手順に当てはめて式を考えよう。

さらに、フィルハンドルを使って女、男女差、総人口についても平均を求めてみよう。

**■　関数の利用　■**

関数を利用するときには、何を求めるのか、データの意味を理解し、よく考えたうえで利用しなければなりません。

たとえば、今回のデータではB13セルに合計を求めると、平成18年から平成27年の男の人口の合計（621,934千人＝6億2193万4千人）となり、意味のある数値とはなりません。

**■　関数の形式　■**

簡単な計算での関数の式の形式は「＝関数（範囲）」です。この形式の関数として、合計（sum）や最大値（max）、最小値（min）があります。どの範囲を用いるのか、よく考えて式を組み立てましょう。

**■　範囲の指定　■**

連続している範囲であれば、「**B3:B12**」のように「：」でつないで範囲を指定します。

離れた場所のセルを指定する場合には「,」でつなぎます。たとえば、「**=SUM(B3,D3)**」では、B3セルとD3セルの合計を計算します。

セルの指定はマウスで行い、「,」はキーボードで入力するとすばやく式を作ることができます。

**■　［オートSUM］ボタン　■**

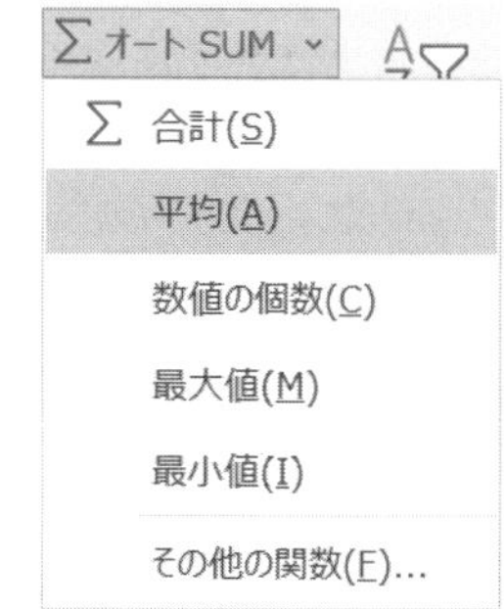


データのすぐ隣（あるいは直下）に計算結果を求める場合、［オートSUM］ボタンの機能を使えば式の入力を省略することができます。ただし、データ範囲が離れている場合には、範囲の選択を修正する必要があります。

［オートSUM］ボタンを利用したときには、どの範囲がデータとして利用されているか、よく確認するようにしましょう。

### （4）相対参照と絶対参照（複合参照）

F列に、各年の総人口（E3セル～E12セル）を総人口の平均（E13セル）と比較した割合を計算してみよう。計算式を考えると、「各総人口÷平均」なので、最初に計算するF3セルに「**=e3/e13**」と入力すれば求められます。次の手順を試してみましょう。

① 項目名として、F2セルに「割合」と入力します。

② 日本語入力OFFの状態で、F3セルに「**=e3/e13**」と入力します。

③ F3セルのフィルハンドルをF13セルまでドラッグします。

F4セル以降、「**#DIV/0!**」(0が分母となる割り算）と表示されて正しく計算されなかったはずです。F4セルの数式を確認すると、「**=E4/E14**」となっています。E14セルは空白なので0が分母となりエラーになったのです。**E13**が、オートフィルで**E3**とともに、ずれてしまっています。このようにフィルハンドルを下にずらせば、番号が相対的に増えていくことを「相対参照」といいます。今回の計算の**E13**は相対参照となってはいけません。

オートフィルでずれないようにするために、「**$**」（ドルマーク）を付けます。列番号および行番号の両方に付ける場合を「絶対参照」、列番号または行番号のどちらかに付ける場合を「複合参照」とよびます。

ここでは、**E13**が**E14**とならないように、行番号「**13**」の前に「**$**」を付けて固定します。すなわち、F3セルに式を入力するときに「**=E3/E$13**」とします。これでオートフィルを行っても、E13セルが使われ続けます。先の計算結果を修正して正しい計算をしましょう。

① F2セルに「割合」と入力してあるか、確認します。

② F3セルをダブルクリックして、「**=E3/E$13**」となるように編集します。

③ F3セルのフィルハンドルをF13セルまでドラッグします。

F4セルの数式を確認してみましょう。「**=E4/E$13**」となっていて、**E$13**が変わっていないことがわかるはずです。

なお、今回のオートフィルでは横方向へのドラッグはしないので、列番号に「**$**」を付けた「**$E$13**」にしても結果は変わりませんが、横方向へのドラッグを行う場合には不適切となる場合があります。余分な「**$**」は付けないようにしましょう。

## 5．コピー&貼り付け

F列で求めた小数表示の割合を、後の「6．（3）百分率の表示」において百分率（%）でも表示するために、G列へ複写しよう。計算結果だけを貼り付けるようにします。

① G2セルに「百分率」と入力します。

② F3セル～F13セルを選択します。

③ ［Ctrl］＋［C］（あるいは選択したセルの上で右クリック）してコピーします。

④ G3セルで右クリックして、「貼り付けのオプション」の中の「値」をクリックします。

G3セルの中身を確認してみよう。貼り付けオプション「値」を正しくクリックした場合、数式バーには「1.00135444068646」と表示されています。

貼り付けるときに、［Ctrl］＋［V］を使ってしまうと、F3セルに入力した式「**=E3/E$13**」がずれて、G3セルは「**=F3/F$13**」となってしまいます。

## 6．セルの書式

詳細なセルの書式設定は［ホーム］タブの［書式］ボタンや、セルを右クリックして［セルの書式設定］をクリックして行いますが、ここでは簡単な方法を紹介します。

### （1）桁区切りの表示

大きな数は読み取りが難しいため、3桁ごとに「,」を入れます。

①　大きな数のあるB3セル～E13セルを選択します。

②　［ホーム］タブ➔［,］ボタン（［桁区切りスタイル］ボタン）をクリックします。

すると、3桁ごとに「,」が入ります。

平均の数値では小数点以下が表示されなくなることがあります。次の小数表示を行います。その結果、桁区切り「，」と小数点「．」の両方が入ることになります。間違えないように気をつけましょう。

### （2）小数表示の調整

小数点以下の桁数について、次のようなことを考えます。どれを適用するかは、場合によって異なります。

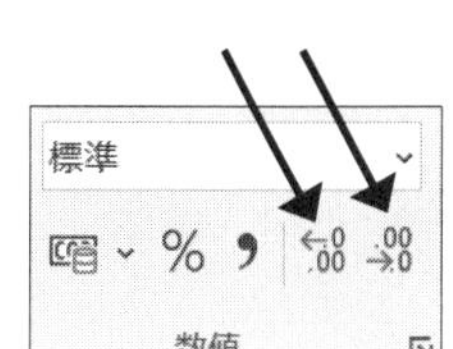


- 整数ではない場合、小数点以下を表示させる。
- 小数点以下の桁数を揃える。
- 計算結果の違いがわかる小数の桁にする。
- 有効数字の桁数に調整する。
- 小数点以下の最後の桁の0は表示されないので、表示する。

小数以下の表示を調整するためには、［小数点以下の表示桁数を増やす］ボタン、あるいは［小数点以下の表示桁数を減らす］ボタンを用います。次のようにしてみよう。

①　まず、平均の数値において、大きな数のB13セル～E13セルを選択します。

②　［小数点以下の表示桁数を増やす］ボタン、［小数点以下の表示桁数を減らす］ボタンによって、小数の数があることがわかるように、小数点以下の桁数を1桁だけ表示しておきましょう。

③　次に、割合の数値F3セル～F13セルを選択します。

④　②と同様に、2つのボタンを使って、F3セル～F13セルを小数点以下4桁にしてみましょう。

⑤　同様に、G3セル～G13セルを小数点以下3桁にしてみよう。

**■　計算結果の違いがわかる小数　■**

小数点以下3桁のG列の数値と4桁のF列の数値を見比べてみましょう。3桁では同じ数値でも、4桁にすると違いがわかります。F4セルとF6セルについては、計算に使った数値（E4セルとE6セル）が同じなので、桁を増やしても差はありません。

### （3）百分率の表示

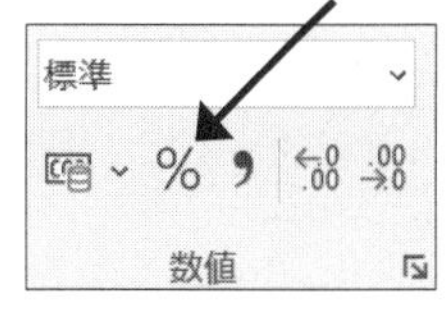


小数で表されたG列を百分率（%表示）にして桁を調整します。

①　G3セル～G13セルを選択します。

②　［ホーム］タブ➔［%］ボタン（［パーセントスタイル］ボタン）をクリックします。

小数点以下2桁の表示にしておきましょう。

## （4）セルを結合して中央揃え

表のタイトルを A1 セルに入力して左端に位置していますが、表全体の幅の中央にします。「セルを結合して中央揃え」を用いると簡単にできます。

折り返して全体を表示する
セルを結合して中央揃え
配置

セルを結合しておけば、幅の自動調整の対象外になります（本ページの下部参照）。

① A1 セル～G1 セルを選択します。

② ［ホーム］タブ➔［セルを結合して中央揃え］ボタンをクリックします。

## （5）揃え

項目名の部分を読みやすく揃えておきましょう。右図の上 3 つは上下を揃えるボタンです。セルの高さを広げたときに利用します。

右図の下の 3 つの左右を揃えるボタンはよく利用することでしょう。

① A 列の項目名（A2 セル～A13 セル）を選択します。

② ［ホーム］タブ➔［中央揃え］ボタンをクリックします。

2 行目の項目名についても中央揃えをしてみましょう。

■ **注意** ■

入力した直後、文字を入力したところは左揃えの状態、数値は右揃えの状態になっています。

数値の箇所は右揃えのままにして、桁数を読み取りやすくしておきます。中央揃えなどをしてはいけません。ただし、計算がすべて終了し、縦に並んでいる数値がすべて同じ桁数であるときは中央に揃えてもいいでしょう。

## （6）セルの幅と高さの調整

列番号の境界、あるいは行番号の境界を使って幅や高さを調整します。境界部での操作は次の 2 通りです。

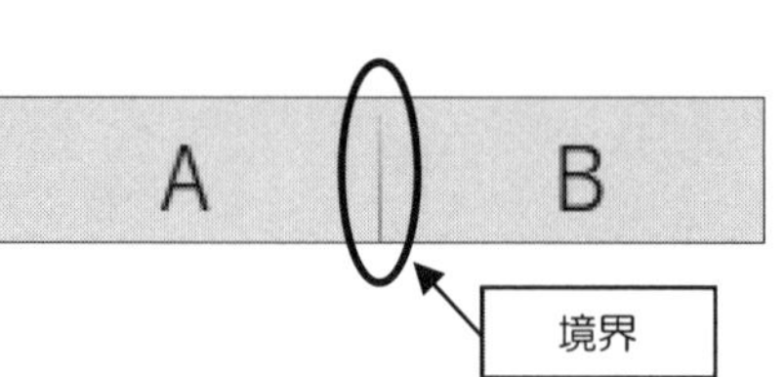


- **境界をドラッグ**:自由に幅や高さを変えることができます。幅を狭くしたとき、シート表示では見えていても、印刷時に欠けていることがありますから注意が必要です。
- **境界をダブルクリック**：文字数に合った最小の幅および高さに自動的に調整されます。列の内容を確認し、余白があるときに使うとよいでしょう。狭いときには、境界をドラッグして広げてから、ダブルクリックすればきれいに収まるようになります。

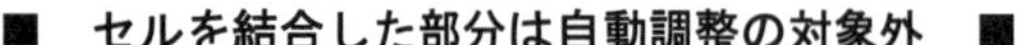

■ **セルを結合した部分は自動調整の対象外** ■

表のタイトルが A1 セルにあり、「セルを結合して中央揃え」するまえに、境界をダブルクリックして自動調整すると、表のタイトルが長く、A1 セルの文字の長さに合ってしまい、A 列の幅が広くなってしまいます。

それを避けるために、表のタイトルを「セルを結合して中央揃え」しています。セルを結合しておけば、境界をダブルクリックしても自動的に調整される対象とはなりません。

■　すべてを選択　■

列番号「A」の左、行番号「1」の上の三角マークのあるところをクリックします。すると、シート全体を選択できます。

列番号のどこかの境界でダブルクリックすれば、すべての列について一気に自動調整できます。何も入力されていない列は変化しません。

シート全体を選択

■　複数の列（行）を同時に調整　■

複数の列を１度に自動調整する場合や列を同じ幅に揃えたい場合、複数の列を選択し、その間の境界について操作を行います。

右図では列番号 B から C をドラッグして B 列と C 列を選択しています。このときに、B と C の境界をドラッグすると、B 列と C 列が同じ幅に調整されます。２つ以上の列を同じ幅にするときに便利です。

また、同じ選択している状態で、B と C の境界をダブルクリックすると、それぞれの列に入っている文字列に合った最小の幅になります。

行についても同様に、行番号を選択し、行番号の境界で操作を行います。

ドラッグして２列を選択

■　幅が狭いときの表示　■

たとえば「12345678」という数値の場合、幅が狭いと、「1.2E+07」という指数表示（$1.2\times10^{7}$）となるか、それも表示できなくなり「###」となります。印刷物にもそのように印字されます。

入力した数値だけでなく、計算結果が「###」となった場合など、幅を広げるようにしましょう。

## （７）セル内での改行

セルの中で改行して幅を変えずに、項目の単位を各セルの２行目に入力しよう。

| 男<br>（千人） | 女<br>（千人） | 男女差<br>（千人） | 総人口<br>（千人） | 割合 | 百分率<br>（%） |
|---|---|---|---|---|---|

①　B2 セルをダブルクリック（あるいは［F2］キー）して、「男」の右にカーソルを表示させます。

②　［Alt］＋［Enter］をします。すると、改行されますので、図のように入力します。

このセルは「折り返して全体を表示する」という状態になっています。続けて入力を進めても幅は広がらず、高さが広がっていきます。

## （８）格子線

セルを区別する格子線を入れましょう。

表のタイトルを省いた A2 セル～G13 セルを選択し、［ホーム］タブの「フォント」グループにある［罫線］ボタンをクリックし、選択肢の中から［格子］をクリックします。

## （９）塗りつぶし

項目名のセルに色を付けてみましょう。利用するボタンは「フォント」グループにある［塗りつぶしの色］ボタンの右にある ⌄ です。濃い色では文字が読みにくくなるため、薄いほうがよいでしょう。

数値のセルには、色を塗らないようにします。

## ７．ページ設定

Excel はシート表示なので、印刷イメージとは大きく異なります。印刷するときには、ページ設定を行い、印刷前の印刷プレビューをよく確認するようにしましょう。

### （1）詳細なページ設定

［ページレイアウト］タブの［余白］［印刷の向き］ボタンで１枚の用紙の設定が簡単にできます。

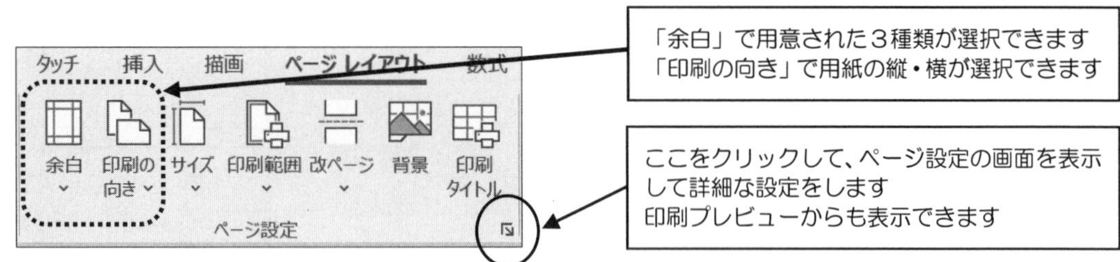


ここでは、ページ設定の画面（下図）を出して、詳細な設定について説明します。

**■　［ページ］タブ　■**

用紙のサイズ、印刷の向き、印刷の大きさ（拡大／縮小）を設定します。

印刷する内容にしたがって、用紙の使い方を縦にするか横にするか考えましょう。

印刷するときに拡大／縮小することができます。印刷するときに、1 枚の用紙からはみ出るとき、縮小することによって 1 枚に収めることができます。［次のページ数に合わせて印刷］をクリックし、横と縦の欄をそれぞれ「1」にすると、自動的に縮小され、1 枚に収めて印刷することができます。

**■　［余白］タブ　■**

上下左右の余白を設定します。この画面では数値で設定することができます。

ヘッダーやフッターの用紙の端からの位置を設定できます。

［水平］［垂直］チェックを利用すると、余白に関係なく表の位置を真ん中に調整できます。同じ画面のプレビューで確認しながら設定しましょう。

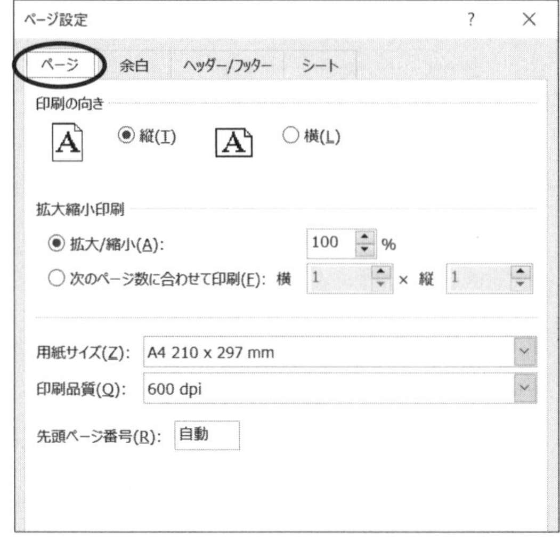


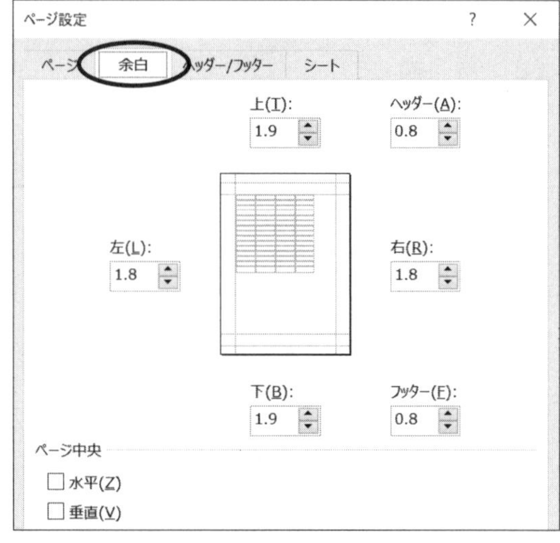

### （2）ヘッダーの入力

印刷物に氏名などを入れるために、ヘッダーを利用しましょう。

ページ設定の画面を表示させて、［ヘッダー/フッター］タブを使います。

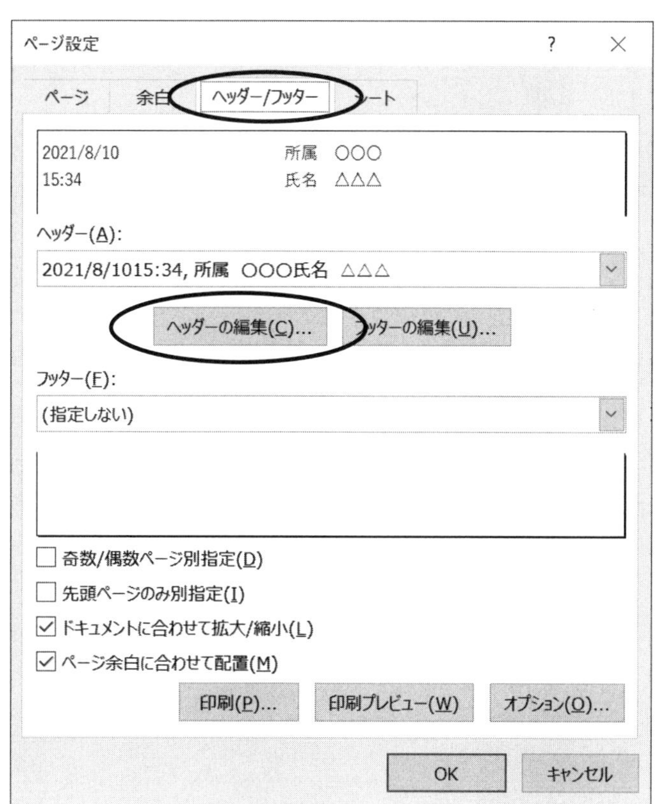


**■　［ヘッダー／フッター］タブ　■**

［ヘッダーの編集］ボタンをクリックすると、下図の画面となり、それぞれの部分の編集ができます。

「左側」の欄は、

①　［日付の挿入］ボタン

②　［Enter］キー

③　［時刻の挿入］ボタン

を順に指定した結果です。日付や時刻は、印刷時の日付や時刻が刻印されます。

「中央部」には、所属と氏名を入力した例を示しています。

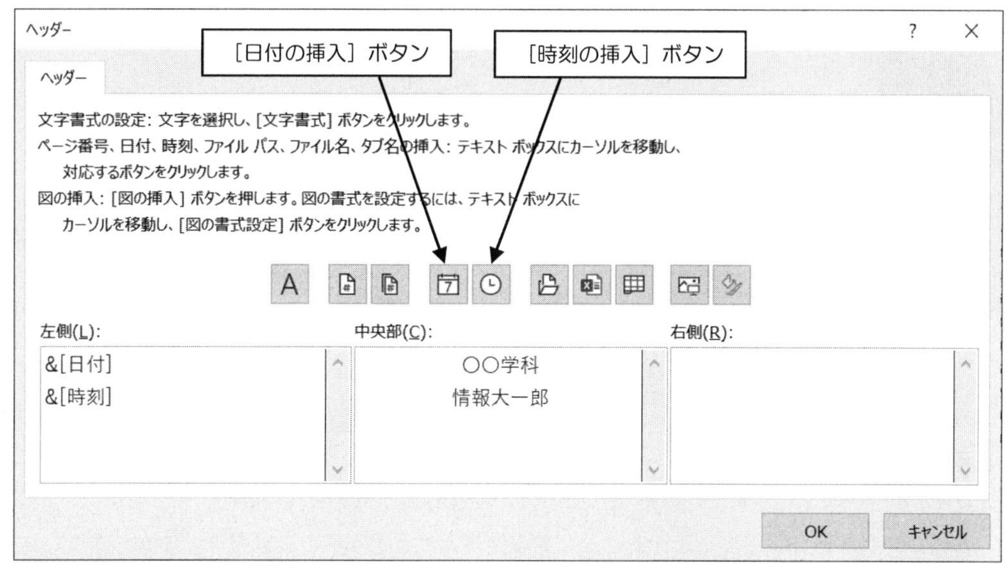


**◆◇◆　練習　◆◇◆**　ヘッダーを入力しよう。

上の図のように、左側に日付と時刻、中央部に所属と氏名を入力しましょう。

## 8．印刷

### （1）印刷プレビュー

Excel では作業画面で見ている状態と印刷イメージは異なります。そのために、印刷プレビューで何度も印刷イメージを確認するようにしましょう。

キーボードで［Ctrl］＋［P］とするか、マウスで［ファイル］タブ➔［印刷］をクリックすると、印刷画面になり、右半分に印刷プレビューを見ることができます。

元の画面に戻るためには、［Esc］キーを押します。

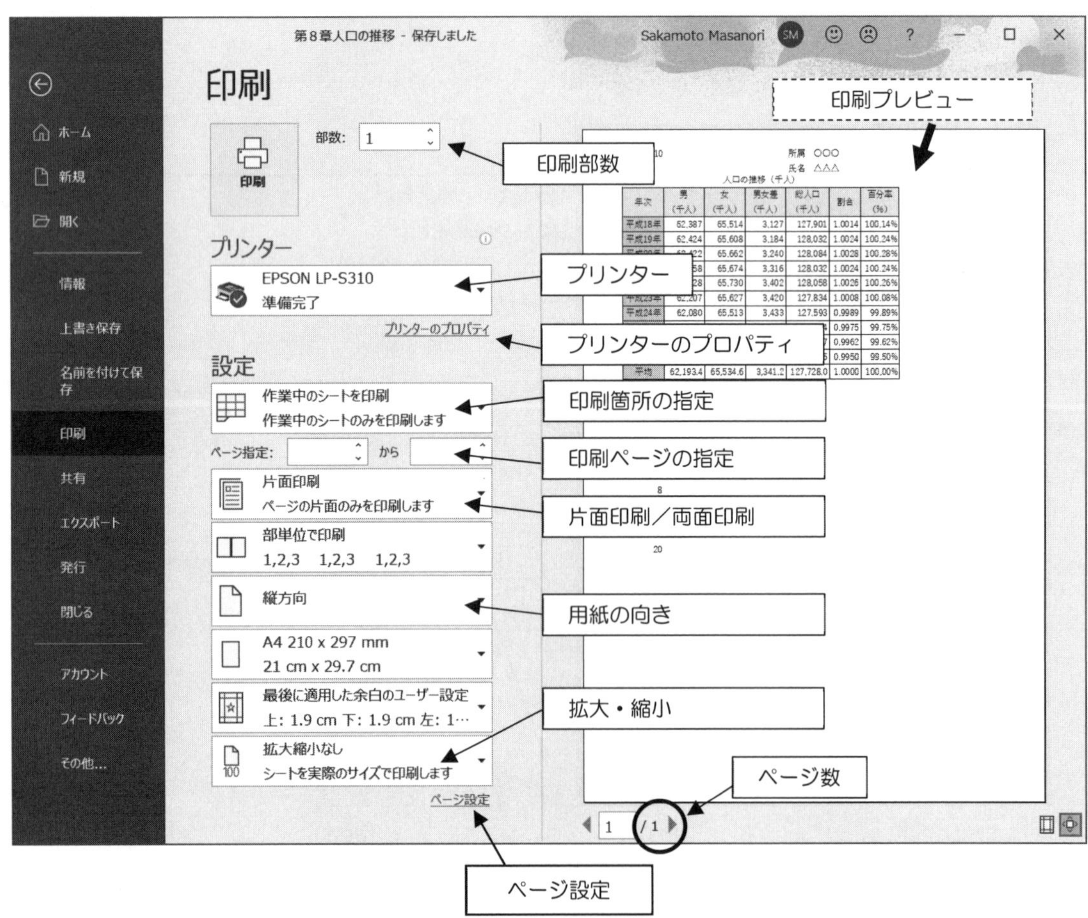


### （2）印刷の設定

右側のプレビューを見ながら、左側の項目について設定および確認を行います。

- **印刷プレビュー**：印刷レイアウトを見ながら作業できる Word とは異なり、Excel ではこのプレビューでレイアウトを確認することになるので、細かな箇所まで目を配りましょう。
  特に、文字や数字が意図したとおりに印刷されることを確認します。作業中は見えていても印刷すると欠けることがあります。欠けていたら、［Esc］キーで元の画面に戻って調整します。
- **ページ数**：Excel では印刷されるページ数が確認できるのはここだけです。よく確認するようにしましょう。

- **印刷部数**：同じものを何枚印刷するのか、指定します。
- **プリンター**：現在選択されているプリンターが表示されています。クリックして変更できます。
- **プリンターのプロパティ**：プリンターの詳細な設定を行う場合、［プリンターのプロパティ］をクリックして、設定画面を表示させます。プリンターのメーカーや機種によって内容が異なります。
- **印刷箇所の指定**：通常は「作業中のシートを印刷」にしておきます。印刷プレビューに移る前に、印刷したい部分だけを選択して、［選択した部分を印刷］にすると、その部分だけを印刷できます。
- **印刷ページの指定**：通常は現在作業しているシート全体を印刷することでしょう。下部の「ページ数」を確認して、2ページ以上あるとき、1ページ目だけを印刷する、などの指定ができます。
- **片面印刷／両面印刷**：［片面印刷］をクリックすると、両面印刷の設定へと変更できます。縦向きの場合、「両面印刷（長辺を綴じます)」を選択するとよいでしょう。
- **用紙の向き**：用紙を縦長に使うか、横長に使うかを変更することができます。
- **拡大・縮小**：表などが大きくて1ページで収まらないとき、縮小して印刷することができます。小さくなりすぎると読めなくなりますので、無理な縮小はせずに、ページを分けるなどの工夫も考えましょう。
- **ページ設定**：ページ設定の画面（p.88）を表示します。印刷プレビューを見て、ヘッダーの入力がされていないようなら、ここから入力するとよいでしょう。ページ設定の画面での拡大・縮小や余白ついても、印刷プレビューで確認しながらできます。

すべての確認が終わったら、上の［印刷］ボタンをクリックして印刷します。プリンターによっては、印刷プレビューとは多少異なった印刷がされることがあります。印刷されたものと画面をよく見比べて、正しく思ったとおりに印刷されているか確認するようにしましょう。

**=== 練習問題 ===**

（1）第5章のWordで作成した表をExcelで作成してみよう。Wordでの作業手順どおり行うのではなく、完成形の表から入力するセルを考えてみよう。1行目に表のタイトルを入力して、2行目から表を作成しよう。入力後、本章「6．（4）」以降のセルの書式を必要に応じて行ってみよう。

（2）お小遣い帳をつけてみよう。項目として、日付、使途、金額などを入力し、見やすいように幅や格子線などを調整します。さらに、残高の計算や合計（SUM）などの計算をしてみましょう。

（3）［F1］キーを押すとヘルプを表示することができます。

検索欄に、本章で利用した関数以外について調べてみましょう（第10章の「標準偏差」など)。その関数を使うときの形式や注意事項を簡単にまとめてみましょう。

検索欄の下にもさまざまな情報が書かれています。読んでみましょう。

# 第9章　グラフの作成

Excel を利用して、データからグラフを作成し、視覚的にわかりやすくしましょう。

## 1．データの準備

気温のデータを利用して練習します。データを入力し、表を整えて準備をしよう。
前章で解説したページを示していますので、操作を覚えていないときには参照しましょう。

### （1）データの入力

灰色で示した A～C、1～9 は列番号と行番号です。表の下の注意事項を読んでから入力しましょう。
A1 セル～C9 セルに入力します。A1 セルの「4 月初めの気温」から入力開始です。

| | A | B | C |
|---|---|---|---|
| 1 | 4 月初めの気温 | | |
| 2 | 日付 | 最高気温（℃） | 最低気温（℃） |
| 3 | 4 月 1 日 | 24.1 | 11.8 |
| 4 | 4 月 2 日 | 16.0 | 13.3 |
| 5 | 4 月 3 日 | 13.2 | 6.0 |
| 6 | 4 月 4 日 | 11.4 | 4.8 |
| 7 | 4 月 5 日 | 14.0 | 5.4 |
| 8 | 4 月 6 日 | 14.7 | 6.1 |
| 9 | 4 月 7 日 | 16.6 | 10.0 |

- B2 セルの「最高気温（℃）」はセルをはみ出ますが、そのままにして、矢印［→］キーで C2 へ移動し、「最低気温（℃）」と入力します。
- 日付は「4/1」と入力すれば、「4 月 1 日」となります。さらに、A3 セルのフィルハンドルを A9 セルまでドラッグすれば、簡単に入力できます。
- 「℃」は「ど」あるいは「せっし」と入力して変換します。
- 数値の部分は、日本語入力を OFF にして入力するようにしましょう。
- 「16.0」と入力しても「16」と表示されます。そのままにして進めましょう。後で設定します。

### （2）セルを結合して中央揃え

表のタイトルのセルを表と同じ幅に合わせ、中央揃えにしよう（p.86）。
A1 セル～C1 セルを選択し、［セルを結合して中央揃え］ボタンをクリックして結合します。

### （3）関数の利用

入力した表の期間内で、最高気温のなかでもっとも高かった気温、最低気温のなかで最も低かった気温を求めよう。それぞれ関数に MAX（最大値）、MIN（最小値）を使います。

① 項目名として、A10 セルに「最高／最低」と入力します。

② B10 セルに最大値を求めるために「 `=max(b3:b9)` 」と入力します。

③ C10 セルに最小値を求めるために「 `=min(c3:c9)` 」と入力します。

前章では関数を使って合計や平均の計算をしましたが、ここでは、MAX 関数および MIN 関数を使って最大および最小に該当するものを求めています。式の形式は同じであることを確認しましょう。

なお、簡単な計算の例としてよく用いられる合計の計算はこのデータの場合には適していません。たとえば、24.1℃＋11.8℃＝35.9℃、ではありません。データの数値の意味について考えて計算するようにしましょう。

### （４）小数点桁数の調整

数値をすべて小数第 1 位の表示に統一しよう（p.85）。

数値が入っているセルをすべて選択し、[小数点以下の表示桁数を増やす] ボタン、または [小数点以下の表示桁数を減らす] ボタンによって小数点第 1 位までを表示しておきます。

B4 セルの「16」が「16.0」となっていることを確認しよう。その他の整数表示になっていたところも確認しよう。

### （５）格子線と塗りつぶし

表全体に格子線を付け、項目のセルに色を付けよう（p.87）。

表のタイトルには線を付けないように、A2 セル～C10 セルを選択し、[格子] ボタンで線を付けます。

さらに、表の項目（A2 セル～C2 セル、A3 セル～A10 セル）を薄い色で塗りつぶしておきましょう。

### （６）幅の調整

列の幅を広げよう（p.86）。

A 列を広げる場合には、列番号 A と B の境界部分をダブルクリックすると、A 列の幅が自動調整されます。同様に、列番号 B と C の境界部分で B 列、列番号 C と D の境界部分で C 列の自動調整をします。

### （７）中央揃え

表の項目を中央揃えしよう（p.86）。

表の項目のセル（A2 セル～C2 セル、A3 セル～A10 セル）について、中央揃えを行います。

### （８）ヘッダーの入力

ヘッダーを入力しよう（p.89）。

前章の「7．（2）ヘッダーの入力」を参照して、そこでの練習と同じように、左側に日付と時刻、中央部に所属と氏名を入力しましょう。

### （９）保存

内容がわかるような名前を付けて保存しよう（p.81）。

作業中、上書き保存をしながら進めていきましょう。

## 2．グラフの作成と基本操作

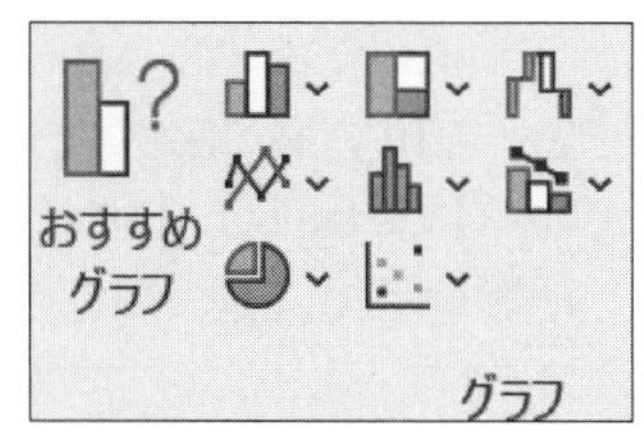


最高気温の変化を表すグラフを作成し、書式設定やデザインの変更などの基本的な操作を練習しよう。

### （1）折れ線グラフの作成

最高気温の変化を示す折れ線グラフを描いてみよう。

① 項目を含めて選択するので、A2 セル～B9 セルを選択します。
10 行目を選んではいけません。

② ［挿入］タブの「グラフ」グループにある［おすすめグラフ］ボタンをクリックします。

③ 選択範囲が適切に選ばれていれば、折れ線グラフが表示されているはずなので、［OK］ボタンをクリックします。

すると、同じシート上にグラフが現れます。

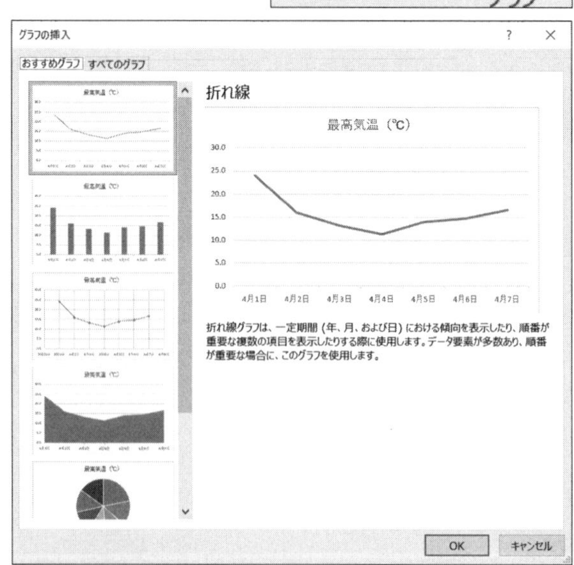


### ■ グラフの選択 ■

ここの例では、おすすめグラフの左の欄には折れ線グラフ、集合棒グラフ、散布図、積み上げ面グラフなどが並んでいます。一番上に出ているものが常に正しいものとは限りません。ここの例では目盛線やマーカーの違いはありますが、3 つめの「散布図」でもほぼ同じグラフとなります。グラフの種類については、p.99 を参考にして、選ぶようにしましょう。

左の欄に適切なものがなければ、［すべてのグラフ］タブをクリックして、グラフを選択しましょう。

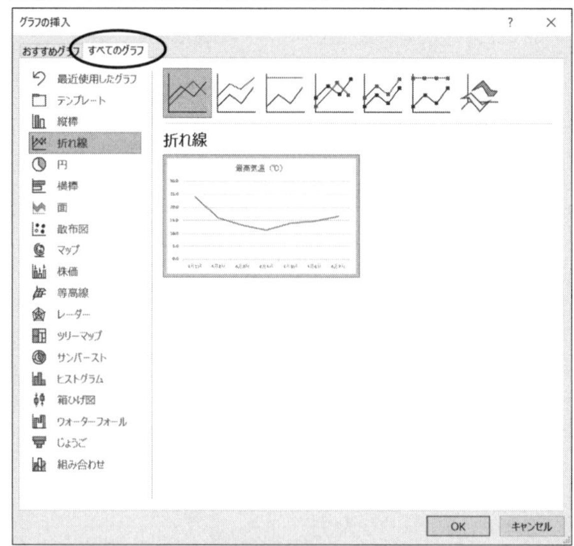


### （2）グラフの削除とやり直し

作成したグラフが思いどおりになっていない場合には、削除してから作成し直します。グラフを選択している状態で［Delete］キーを押せばグラフを削除することができます。

作成し直すときには次のようなことを確認します。

➢ 選択した範囲を確かめよう。2 行目や A 列の項目は選んでいるだろうか。不要な箇所（10 行目の「最高／最低」）は選んでいないだろうか。

### （3）グラフの移動と大きさ変更

出てきたグラフの枠内（グラフエリア）には、グラフ自身、グラフのタイトル、横軸、縦軸など、さまざまな要素があります。

枠全体を移動させるときには、枠線あるいはパーツのないところにマウスを合わせてドラッグします。

大きさを変更するときには、グラフエリアの角をドラッグします。大きさを変更すると、内容も合わせて大きさが変わります。特に、軸の文字の配置や目盛りが変わることがあります。どのように変化するか気をつけながら大きさを変更しましょう。

大きさを変更するとき、縦横比に注意しましょう。例のグラフでは、縦長にすると折れ線の角度が急になり変化が激しい印象を与えます。逆に極端に横長にすると変化が穏やかな印象に変わります。

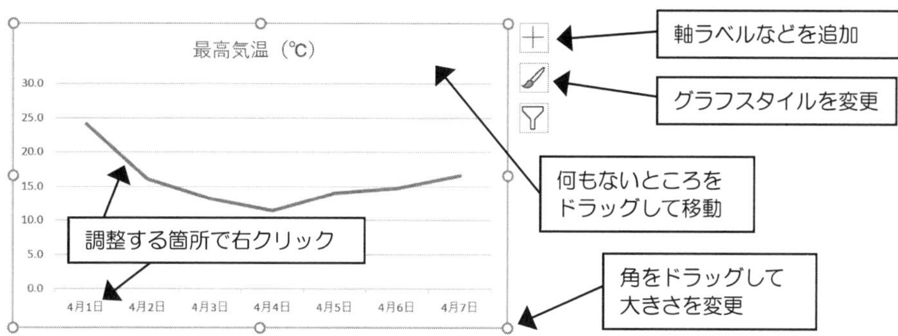


### （4）デザインの変更

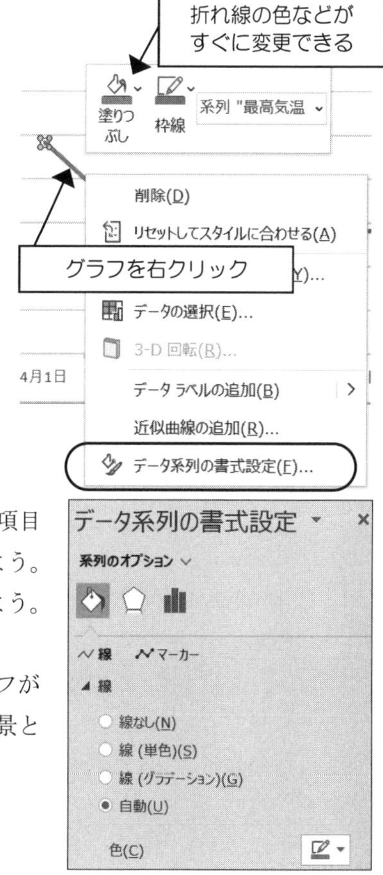


現れたグラフは基本となるデザインのものです。見やすいように、書物や論文などで使われているグラフを参考にして、デザインの変更を試してみよう。

調整したい箇所で右クリックし、メニューの下方にある［・・・の書式設定］をクリックすれば設定画面が出てきます。・・・の部分は右クリックした箇所によって異なります。

右図は折れ線を右クリックしたメニューであり、［データ系列の書式設定］となっています。また、メニューの上には折れ線の色などがすぐに変更できる［枠線］ボタンなどが表示されています。

データ系列の書式設定を利用して、グラフの線の色を「自動」から他の色に変え、太さや種類も変えてみよう。

同じ書式設定で、データのあるところを示す「マーカー」の設定項目を探し、「自動」で表示したり、マーカーの種類を変えたりしてみよう。出てきた項目の左の三角が「▷」のときはクリックして展開してみよう。詳細な設定内容が見えるようになります。

他の箇所を右クリックして書式設定してみよう。たとえば、グラフが描かれている範囲（プロットエリア）の書式設定では、グラフの背景となる色を変更してみましょう。

### （5）軸の調整

日付（横軸）の軸を調整してみよう。

① 日付の箇所で右クリックし、［軸の書式設定］をクリックします。設定画面が右方に表示されます。「軸のオプション」の右端の が選ばれている状態にします。

② 一番下にある［▷ 表示形式］をクリックすると［◢ 表示形式］となり、その内容が展開されて表示されます。

③ カテゴリを［日付］にし、種類を選択します（たとえば、［3月 14 日］形式）。

④ 日付の文字の向きを変更するとき、［サイズとプロパティ］ をクリックして、「文字列の方向」を変更すると、斜めや縦書きに変更することができます。

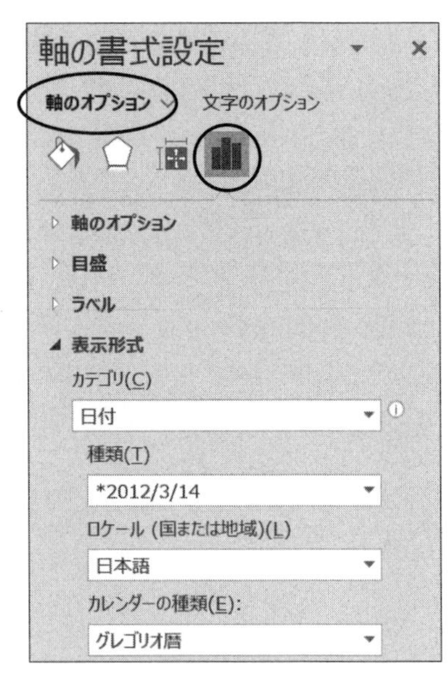


#### ■　横軸が間引かれた場合　■

グラフを小さくした場合、横軸が 1 つ飛ばしになって間引かれることがあります。すべてを表示させるときには、［軸の書式設定］の右端の［軸のオプション］ が選ばれている状態において、［▷軸のオプション］を展開して、単位の設定をします。

たとえば、「2」となっているときは、2 つにつき 1 つを表示という意味で間引かれていることを示しています。この数値を「1」にすると、間引かれなくなります。文字を小さくする、グラフを大きくするなどを行って、軸の文字を読みやすくしましょう。

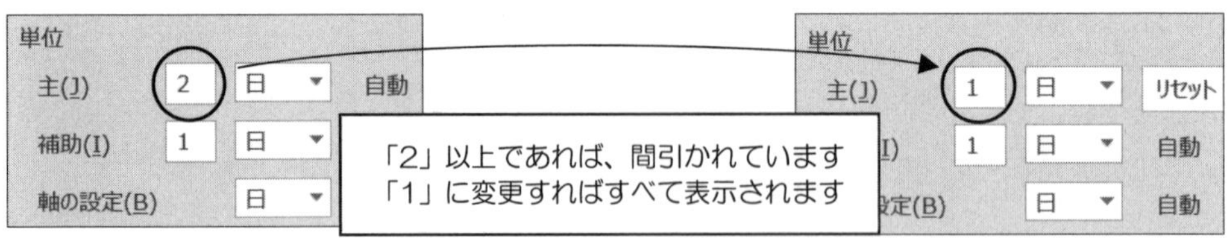


### （6）グラフ要素の追加

横軸や縦軸が何を意味しているのか、軸ラベルを追加しよう。

① グラフの右上にある ＋ ボタンをクリックすると、グラフ枠内に描かれる要素の一覧が表示されます。チェックが ON となっているものが表示されていることを示します。

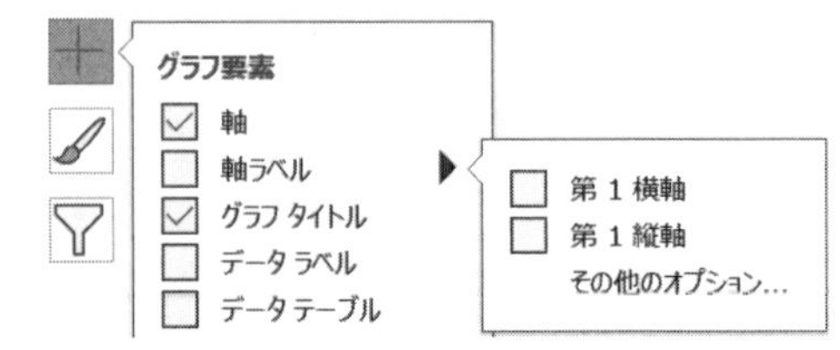


② ［軸ラベル］をクリックすると、横軸ラベルと縦軸ラベルの両方が追加されます。
横軸ラベルだけを追加する場合には、「軸ラベル」の右端の［▸］をクリックし、［第 1 横軸］をクリックします。ここでは、［軸ラベル］をクリックして、両方とも表示させよう。

③ 横軸の下に「軸ラベル」と表示されるので、そこをクリックして、「日付」に修正します。
縦軸のラベルは「気温（℃）」にしよう。

■　グラフに必要なもの　■

グラフ要素として、軸、軸ラベル、グラフタイトルといった要素は基本的なものです。そのグラフの作成意図を示し、見ている人にわかりやすくするために必要なものです。

自動で表示されたものは不完全なことが多くあります。ここまでに学習したことを常に注意して、グラフを読む人にわかりやすいものに修正し、仕上げるように心がけましょう。

また、グラフによって必要とする要素は異なります。書物や論文などに描かれているさまざまなグラフを注意して見るようにしましょう。

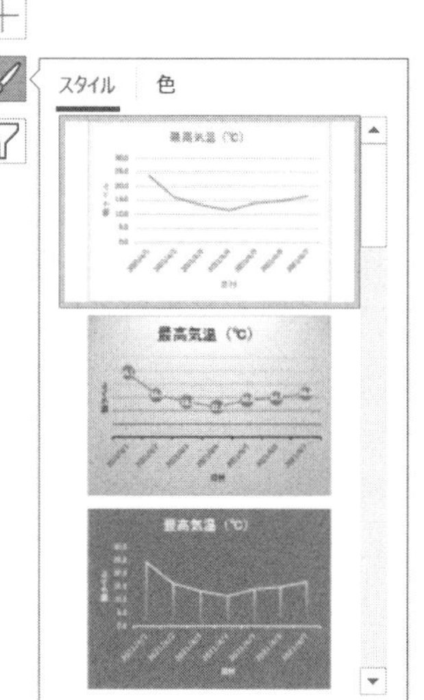


### （7）グラフのスタイルの変更

グラフの右上の2つ目のボタンを使えば、右図のようなスタイルの一覧ができます。利用する場合には、画面で見ている印象だけでなく、印刷したときの見やすさも考えて選択しましょう。

## 3．その他のグラフの作成

離れたデータを選択する方法、2種類のグラフを1つで表現する方法を練習しよう。

### （1）離れたデータの選択

最低気温のグラフを描こう。そのとき、単なるドラッグではA列とC列だけを選択することはできません。[Ctrl] キーを使って、次のようにして選択します。

① 最初はマウスだけで、A2セル～A9セルをドラッグして選択します。

② [Ctrl] キーを押しっぱなしにします。[Ctrl] キーを押した状態で、C2セル～C9セルをドラッグして選択します。

③ 選択ができれば [Ctrl] キーを離します。

| | A | B | C |
|---|---|---|---|
| 1 | 4月の初めの気温 | | |
| 2 | 日付 | 最高気温（°C） | 最低気温（°C） |
| 3 | 4月1日 | 24.1 | 11.8 |
| 4 | 4月2日 | 16.0 | 13.3 |
| 5 | 4月3日 | 13.2 | 6.0 |
| 6 | 4月4日 | 11.4 | 4.8 |
| 7 | 4月5日 | 14.0 | 5.4 |
| 8 | 4月6日 | 14.7 | 6.1 |
| 9 | 4月7日 | 16.6 | 10.0 |
| 10 | 最高／最低 | 24.1 | 4.8 |

◆◇◆　練習　◆◇◆　最低気温を棒グラフで表してみよう。

データ選択の後、[挿入] タブ➔ [おすすめグラフ] ボタン➔ 2つ目の候補 [集合縦棒] をクリックしてグラフを表示します。

先に練習したデザイン、軸ラベルの追加などを施してみましょう。棒グラフでは、枠線の色と塗りつぶしの色を分けて指定できます。

隣の棒グラフとの間隔を調整するには、棒グラフ（データ系列）の書式設定を表示して、系列のオプションの 📊 において、「要素の間隔」を調整してみましょう。

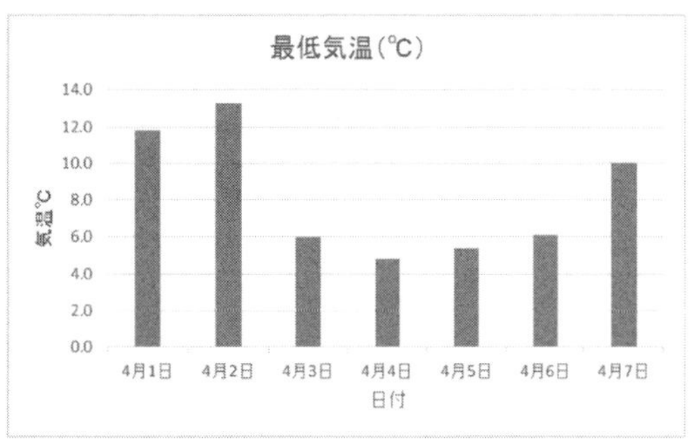

### （2）2 つの異なる種類のグラフ

最高気温と最低気温を 1 つのグラフにして、それぞれを違う種類で表現してみよう。

① A2 セル～C9 セルを選択します。これまでと同様、項目は含み、10 行目は含みません。

② ［挿入］タブ➔［おすすめグラフ］ボタン➔ 1 つ目の候補［折れ線］をクリックしてグラフを表示します。

この例では、このままのグラフで意味を読み取ることができます。今回は練習として、最低気温のグラフを棒グラフに変更してみます。

③ オレンジ色の折れ線（最低気温のデータ系列）をクリックします。

④ ［グラフのデザイン］タブ➔［グラフの種類の変更］ボタンをクリックします。

⑤ 下図のように、「最低気温」のグラフの種類を「集合縦棒」に変更します。

⑥ ［OK］ボタンをクリックします。

これで、先に描いた最高気温のグラフと最低気温のグラフを重ね合わせたグラフができあがります。グラフの調整、軸ラベルの追加などを行いましょう。

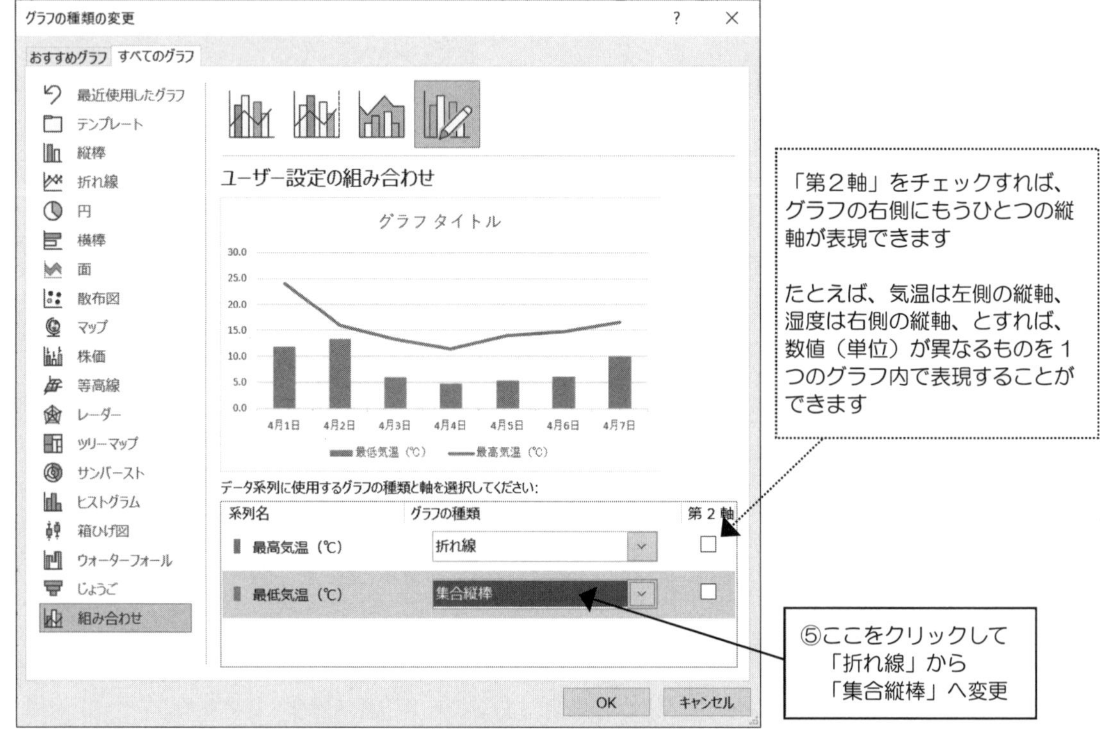


◆◇◆ **練習** ◆◇◆ グラフタイトルを追加しよう。

項目が 2 つ以上になるとグラフタイトルが自動的には入力されずに「グラフタイトル」と表示されます。適切なタイトルを考えて入力しましょう（たとえば、「4 月第 1 週の気温の変化」など）。

### ■ 組み合わせ ■

上の例では、作成した後で変更することを想定した練習を行いました。

最初から描くグラフの種類が決まっているときには、グラフを挿入するとき（上の手順の②）に、「すべてのグラフ」タブの「組み合わせ」を選び、グラフの種類や第 2 軸の指定を行いましょう。

## 4．グラフを描く意義

グラフを描くときには、そこから何を読み取るのかを考えて作成しなければなりません。そのためには、次のようなことを注意しましょう。

### （1）グラフを描く範囲の選択

グラフは選択範囲によって描かれるものが異なります。目的にあった範囲をよく考えて指定しましょう。たとえば、次のような範囲を指定してグラフを描くと、同じ折れ線グラフであっても、先に描いた最高気温のグラフとはまったく異なった意味を持ちます。

選択した範囲

| 日付 | 最高気温(℃) | 最低気温(℃) |
|---|---|---|
| 4月1日 | 24.1 | 11.8 |

折れ線グラフを描き、最高気温と最低気温が横軸に並ぶように「行／列の切り替え」をしています（第10章参照）

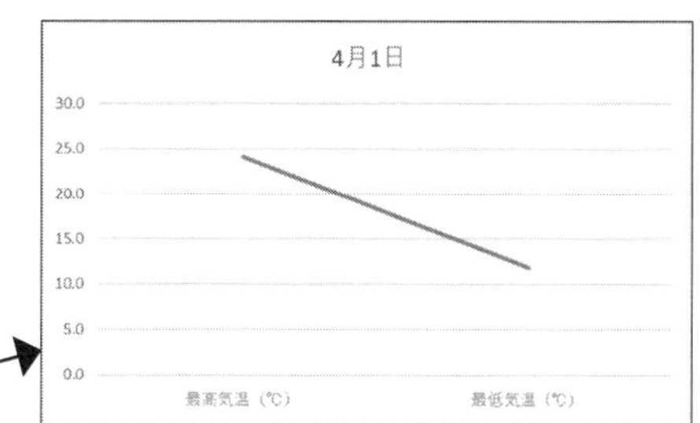


### （2）グラフの種類

Excelには多くの種類のグラフが用意されています。その中から適切なグラフを選びましょう。たとえば、棒グラフと円グラフを描いた場合とでは、データ値で示すのか、割合で示すのか、という違いがあります。

データをどのように見たいのか、描いたグラフから何が考察できるのか、使用目的をよく考えてグラフを適切に選びましょう。

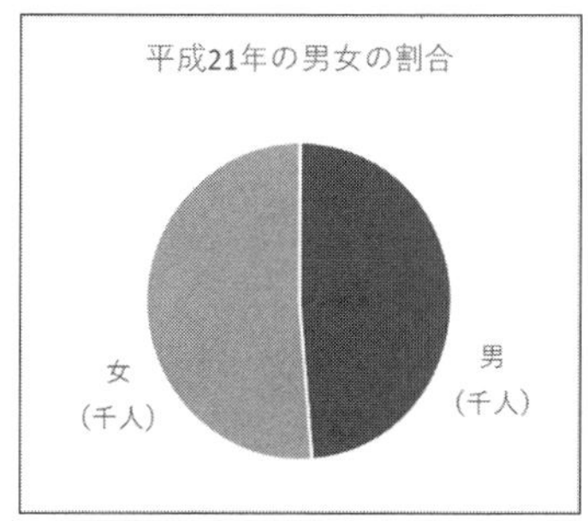


第８章のデータを用いて描いた円グラフ

- **分布の状態を見る**：棒グラフ、散布図
- **時間的な変化を見る**：折れ線グラフ
- **全体におけるいくつかの要素の割合を見る**：円グラフ、ツリーマップ、または各種のグラフを積み重ねの形式にしたグラフ
- **いくつかの要素を比べて見る**：棒グラフまたはレーダーチャートグラフ

### （3）テキストボックスの利用

自分で作成したグラフの作成意図や、グラフから考えられること、操作上の注意点などを、Excelのシート上にメモを残していくようにしましょう。

テキストボックスを利用すると便利です。テキストボックスについては「第６章　４．テキストボックス（p.68）」を参照してください。大きめに出しておくといいでしょう。

また、［挿入］タブ➔［図形］ボタン➔［吹き出し］を使って、グラフの注目する箇所と線をつなげて、グラフの解説をするのもよいでしょう。

## 5．範囲を限定した印刷方法

本章では印刷する範囲を限定する方法を解説します。さらに用紙 1 枚では入りきらないときに、簡単に縮小する方法も紹介します。

**◆◇◆　練習　◆◇◆**

下図を参考に、印刷するときに用紙を横向きに使うようにグラフをレイアウトしてみよう。

［Ctrl］キーを押しながらマウスのホイール操作を行えば、画面の倍率を下げることができます。全体が見えるようにするとレイアウトしやすくなります。

### （1）印刷範囲の設定

この範囲設定をすると、範囲の外にある文字やグラフなどは印刷されません。

① 印刷する範囲のセルを選択します。表の場合は印刷する部分のみを選択します。本章での結果のグラフを図のように配置してあるとすると、グラフが全部含まれるようにセル範囲を選択します。下図の場合は A1 セル～P27 セルの選択になります。

② ［ページレイアウト］タブ➔［印刷範囲］➔［印刷範囲の設定］をクリックします。

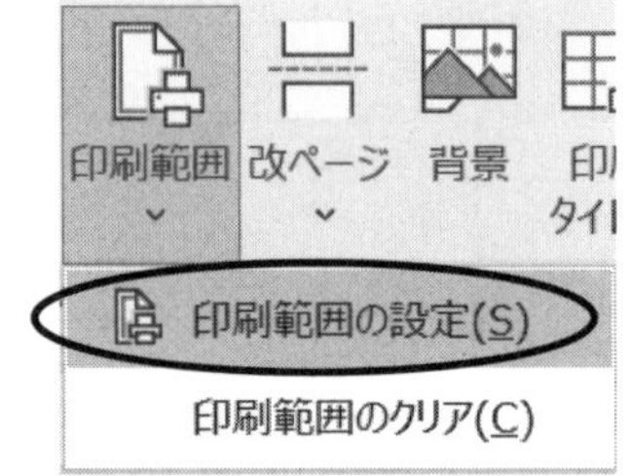


この段階では 1 ページに収まっているかどうかはわかりません。

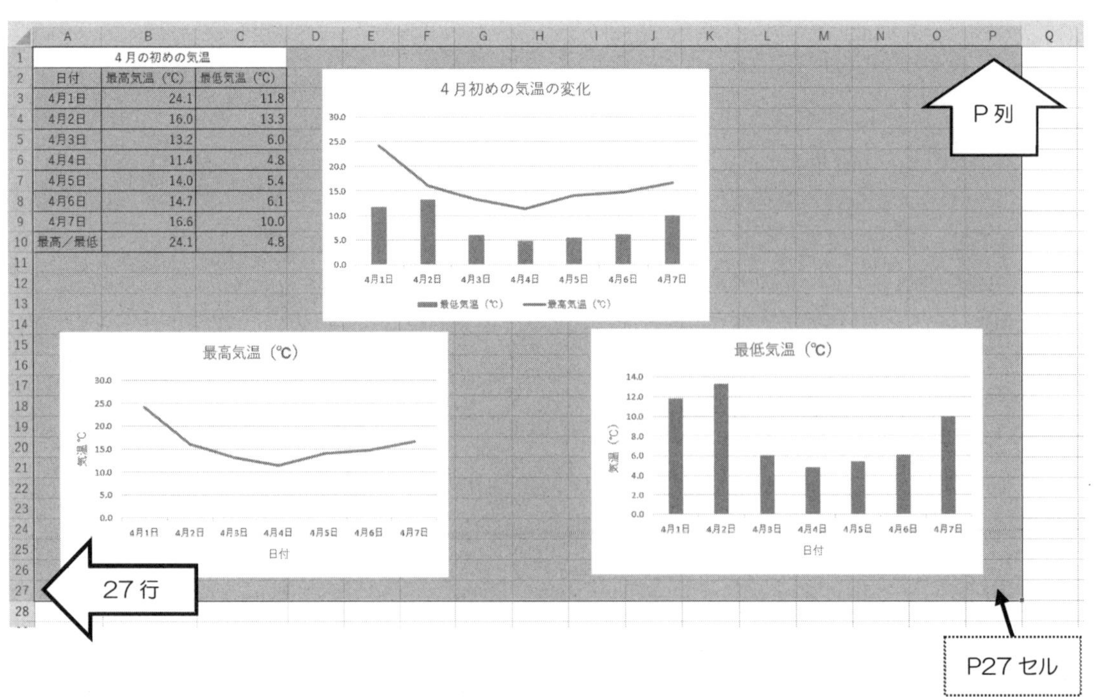


### （2）印刷プレビューとページ設定

キーボードで［Ctrl］＋［P］（あるいは、マウスで［ファイル］タブ➔［印刷］をクリック）して、印刷プレビューを確認します。

■　注意　■

グラフが選択されているとき、グラフのみが印刷されるようにプレビューされます。そのときは[Esc]キーで元の画面に戻り、グラフ以外のセルをクリックします。

次のことを確認しましょう。

- 表とグラフのレイアウトに合わせ、印刷する用紙の向きを設定します。前ページの例では横向きに設定します。
- 印刷枚数が「1／1」であれば、そのまま印刷できます。
- わずかなはみ出しならば、余白を狭くしてみましょう。

■　1ページに収める　■

全体を縮小して簡単に1ページに収めることができます。できる限り、「(1) 印刷範囲の設定」と組み合わせて、不要なものを含まないようにしましょう。

印刷画面の下方の［拡大縮小なし］をクリックして、［シートを1ページに印刷］をクリックします。

または、ページ設定の画面（p.88）を表示して、［ページ］タブにおいて、［次のページ数に合わせて印刷］をクリックして、横と縦をそれぞれ1にします。

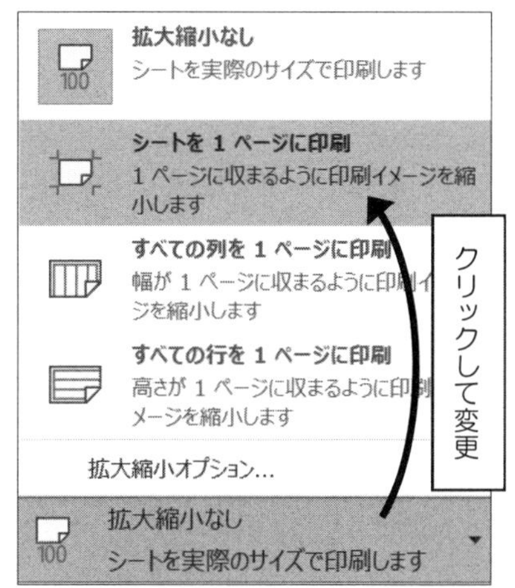


## （3）印刷範囲の解除

印刷後は、印刷範囲の設定を解除するようにします。

印刷範囲の設定をしているかどうかはわかりにくく、設定していることに気づかないことがあります。そのとき、範囲外に文字を入力しても印刷されず、戸惑うことでしょう。

［ページレイアウト］タブ➔［印刷範囲］➔［印刷範囲のクリア］をクリックすれば解除できます。

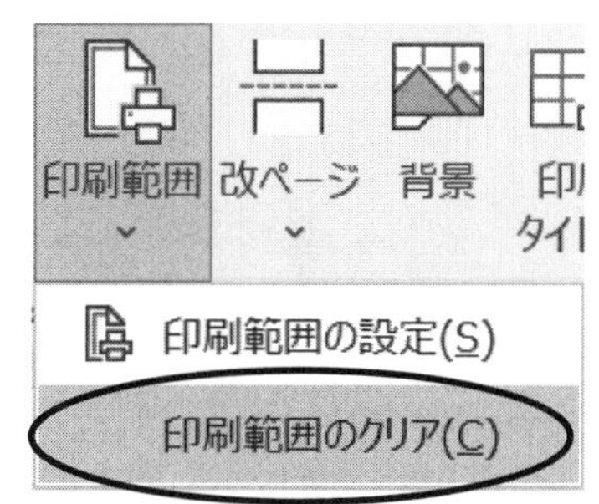


=== 練習問題 ===

（1）第 8 章の「人口の推移」の表（および計算結果）を使ってグラフを描いてみましょう。選択範囲やグラフの種類に気をつけながらいろいろな種類のグラフを 3 つ以上作成しよう。

たとえば、男女データすべてを使った人口の分布（あるいは変化）、総人口を使った人口分布（あるいは変化）、ある年度の男女の割合を示す円グラフ、など。

組み合わせを使う例として、男女差と総人口を使い、総人口を第 2 軸で表現したグラフにも挑戦してみよう。

さらに、それぞれのグラフからどのようなことが読み取れるのか、テキストボックス（あるいは吹き出し）に書こう。

（2）グラフの種類に「散布図」があります。本章のデータあるいは第 8 章のデータについて散布図を描いて、そのグラフからわかることを書いてみよう。

# 第10章　Excelを用いたデータ分析

Excelではデータによってさまざまな処理方法を適用して、専門的な統計処理をすることができます。本章では、簡単なもので実践してみよう。

テストの成績の例を利用します。実際にはデータは大量となりますが、ここでは少人数のデータとしているので、結果を予想しながら操作の確認を行いましょう。

## 1．データの準備

前章同様、データの準備から始まります。すべて復習内容です。参照ページを見ずにできるだろうか。身に付いているかどうか確認しながら進めましょう。

### （1）データの入力

6名（AさんからFさん）のテスト結果を使います。次のように灰色で示したA～E列、1～8行に合わせて入力します。A1、B1、D1、E1の各セルは空欄のままにしておきます。

| | A | B | C | D | E |
|---|---|---|---|---|---|
| 1 | | | 得点 | | |
| 2 | 番号 | 氏名 | 英語 | 国語 | 数学 |
| 3 | 1 | A | 42 | 83 | 48 |
| 4 | 2 | B | 84 | 65 | 71 |
| 5 | 3 | C | 35 | 66 | 49 |
| 6 | 4 | D | 76 | 50 | 23 |
| 7 | 5 | E | 47 | 96 | 36 |
| 8 | 6 | F | 63 | 34 | 59 |

### （2）セルを結合して中央揃え

「得点」はC列～E列に関連するので、C1セル～E1セルを「セルを結合して中央揃え」（p.86）で結合します。D1セル、E1セルは空白なので、C1セルに入力した「得点」だけが残ります。

### （3）中央揃え

2行目、A列およびB列を中央揃え（p.86）しましょう。本章の例ではA列もB列も1文字だけの内容なので、中央揃えにすると見やすいでしょう。数値データは中央揃えしてはいけません。

### （4）合計の計算

各人の総得点（合計）を計算します。合計を求める関数は「SUM」です。

① 項目名としてF2セルに「合計」と入力します。

② F3セルに「 **=sum(c3:e3)** 」と入力し、［Enter］キーを押します。

③ F3セルのフィルハンドルを使ってF8セルまで計算します。

### （5）格子の線

| | | 得点 | | | |
|---|---|---|---|---|---|
| 番号 | 氏名 | 英語 | 国語 | 数学 | 合計 |
| 1 | A | 42 | 83 | 48 | 173 |
| 2 | B | 84 | 65 | 71 | 220 |
| 3 | C | 35 | 66 | 49 | 150 |
| 4 | D | 76 | 50 | 23 | 149 |
| 5 | E | 47 | 96 | 36 | 179 |
| 6 | F | 63 | 34 | 59 | 156 |

右図のように、文字や数値のあるセルだけに格子線を付けよう（p.87）。A1、B1、F1 セルに線を付けないように、格子線を付ける範囲を分けて指定する必要があります。

この後も内容が増えていきます。作業が一段落したところで、格子線を付加するようにしましょう。

### （6）ヘッダーの入力

ヘッダーを入力します（p.89）。内容は、左側に「日付」「時刻」、中央部に「所属」「氏名」とします。

### （7）保存

内容がわかるような名前を付けて保存します。作業中、上書き保存をしながら進めていきましょう。

## 2．偏差値の計算

点数そのもので比較すると、全体の中で上位なのか下位なのかがわかりにくいことがあります。そこで偏差値が利用されます。偏差値とは、平均を 50 とした指標で、50 より大きければ上位、小さければ下位となるので、評価しやすくなります。

### （1）平均と標準偏差の計算

偏差値を計算するために、各科目の平均と標準偏差が必要なので、それらの計算を行います。

① ラベルとして、B9 セルに「平均」、B10 セルに「標準偏差」と入力します。一部の罫線が表示されますが、そのままにして作業を進めましょう。

② C9 セルに「 **=average(c3:c8)** 」、C10 セルに「 **=stdev.s(c3:c8)** 」と入力して計算します。

③ C9 セルと C10 セルの 2 つを選択し、フィルハンドルを使って F 列まで計算します。

**■ 標準偏差 ■**

データのばらつき具合を表す値の 1 つで、平均値とともによく使われます。データと平均値の差の 2 乗を平均して平方根を取ったものです。

ばらつき具合が正規分布と呼ばれる左右対称の釣り鐘状のときは、平均値から左右に標準偏差だけ離れた範囲には 68.26%のデータが入ります。たとえば、10,000 人に対して行ったテストの平均値が 60 点で標準偏差が 15 点だとすると、6,826 人が 45 点から 75 点の間に入ることになります。

なお、標準偏差の関数「STDEV.S」は以前のバージョンでは「STDEV」が使われていました。得られたデータが母集団から得られた標本である場合には「.S」を付けるように、データが他に存在しえない母集団そのものである場合には「STDEV.P」のように「.P」を付けるようになりました。本章の例では他クラスなどのデータも存在しえますので、「STDEV.S」を使います。「 **=stdev(c3:c8)** 」としても同じ結果が得られます。

平均値は英語で mean です。標準偏差は英語で standard deviation、略して SD と表記されます。測定データを扱った論文などで見かけることがあるでしょう。

### （2）偏差値の計算

最初の A さんの英語の偏差値の計算式を作り、残りはオートフィルで計算するようにしてみよう。

A さんの英語の偏差値は、次の式で求めます。

$$\frac{10 \times (\text{A さんの英語の得点} - \text{英語の平均点})}{\text{英語の標準偏差}} + 50$$

この式を計算し、残りの計算をフィルハンドルで行うとき、セル番地がずれていきますが、ずれてはいけないところがあります。そのとき、「$」を付けてずれないようにします。第 8 章 p.84 で学んだことをもとにして、どこに「$」を付けるか、考えてみよう。

A さんの英語の偏差値は、セル番地を使って書き表すと「**=10*(C3-C9)/C10+50**」となります。この式を G3 セルに入力して計算します。続いて、G3 セルのフィルハンドルを右へ動かして、国語と数学の偏差値の計算を行います。さらに、A さんの英語・国語・数学の 3 つの偏差値が選択されている状態で、フィルハンドルを下へ動かして全員の偏差値を求めてみます。

B さん以降の計算ができていません。B さんの数学（I4 セル）を確認すると「**=10*(E4-E10)/E11+50**」となっています。B さんの数学のデータ（E4 セル）は用いられていますが、数学の平均（E9 セル）と標準偏差（E10 セル）を用いるはずのところが、**E10** と **E11** になっています。

E 列というのは合っていますが、行番号がずれてしまっています。すなわち、9 行目および 10 行目を固定するために、$ を利用して、**$9** や**$10** とする必要があります。

G3 セルに戻って、式を修正します。入力する式は「**=10*(C3-C$9)/C$10+50**」となります。

ここで注意しなければならないのは、$ を付けるときに、**$C$9** のように、**$C** としてはいけません。C 列が固定されてしまい、英語（C 列）→国語（D 列）→数学（E 列）の順に移り変わらず、オートフィルで計算できなくなります。

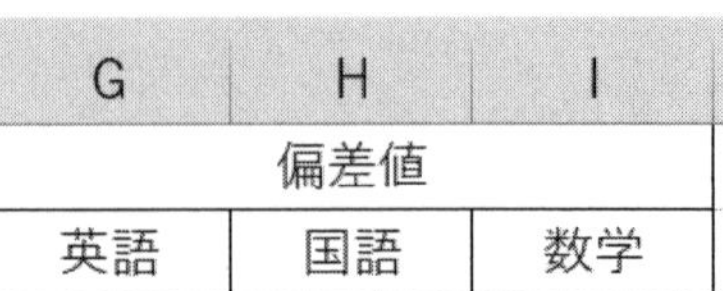

| G | H | I |
|---|---|---|
| 偏差値 | | |
| 英語 | 国語 | 数学 |

最初に、G1 セル～I2 セルに右図のような項目を準備します。

① C1 セル～E2 セルをドラッグして選択します。

② キーボード操作［Ctrl］＋［C］でコピーします。

③ G1 セルを選択し、キーボード操作［Ctrl］＋［V］で貼り付けます。

④ 貼り付けられた「得点」を「偏差値」に修正します。

次に、偏差値の計算を行いましょう。

⑤ G3 セルに「 **=10*(c3-c$9)/c$10+50** 」と入力します。

⑥ G3 セルを選択して、フィルハンドルを使って I3 セルまで計算します。

⑦ G3 セル～I3 セルが選択されている状態で、フィルハンドルを使って 8 行目（F さんの偏差値）まで計算します。

### ■ 偏差値 ■

学力試験が何度か行われた場合、問題の難易度が異なるため、それぞれの平均点および標準偏差は異なることでしょう。素点を比べるだけでは個人の学力が向上したのかどうか判断できません。そこで、平均値と標準偏差を、平均 50 点、標準偏差 10 点となるように点数を換算しなおせば、共通の尺度ができあがります。そのときの点数が偏差値です。

### （3）セルの書式設定

平均、標準偏差、偏差値について、それぞれ小数点以下が計算されています。見やすいように桁を調整しよう。

それぞれの数値を選択し、［ホーム］タブ➔［小数点以下の表示桁数を減らす］ボタンによって、小数点以下を 1 桁にしましょう。

## 3．条件付き書式

各人の合計（F3 セル～F8 セル）において、平均（F9 セル）より点数が高いものに色を付けて見分けやすいようにしてみよう。どのデータが平均より大きいのか、結果はわかるでしょうから、どのように色付けされるのか、結果を予想しながら行いましょう。

① F3 セル～F8 セルをドラッグして選択します。

② ［ホーム］タブ➔［条件付き書式］➔［セルの強調表示ルール］➔［指定の値より大きい］をクリックします。

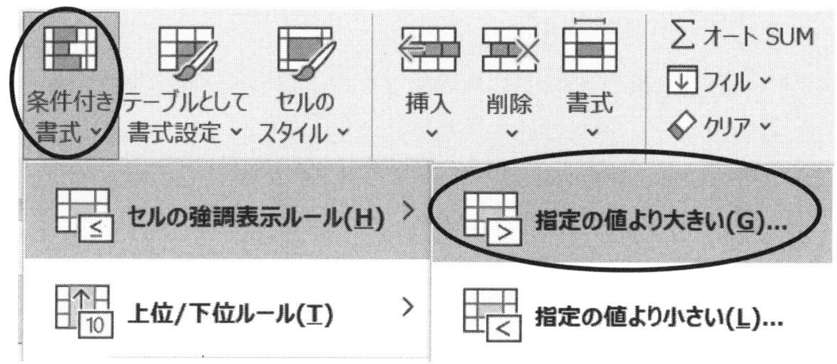


③ 左の欄に比較対象の平均（F9 セル）となるように、F9 セルをクリックして指定します。「=$F$9」と表示されます。
右の欄は色塗りや文字の書式なので、適宜指定します。

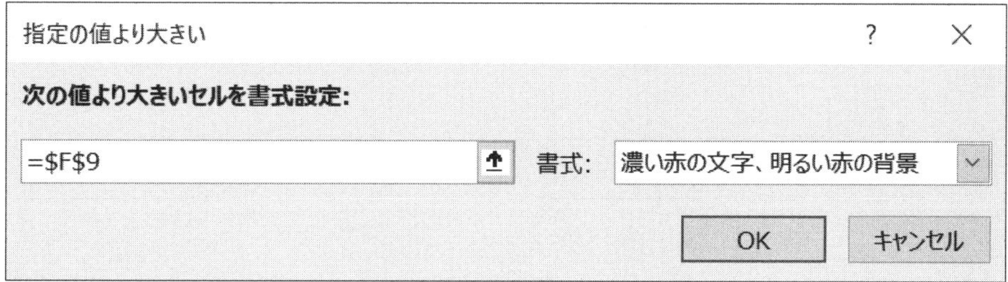


④ ［OK］ボタンをクリックします。

◆◇◆　練習　◆◇◆　偏差値が 50 を超えている数字に色を付けてみよう。

偏差値の値（G3 セル～I8 セル）をすべて選択して処理を開始します。③の左欄には「**50**」と入力します。

## 4．IF 関数による判定

条件付き書式では色分けのような単純な判定方法として簡便ですが、判定結果を別な表記にするなど、複雑なことはできません。

例として、合計が平均より高かった人を「合格」とし、そうでなかった（平均より低かった）人を「補習」とする状況を考えてみましょう。IF 関数を用いて判定を行い、結果を表示させます。

Excel のヘルプ（p.91）で IF 関数を調べると、「=IF（論理式，値が真の場合，値が偽の場合)」と書いてあります。言い換えると、「=IF（条件判定，条件に合っている場合，合っていない場合)」ということになります。

A さんに対する判定を行う場合、F3 が F9 より大きいならば、合格と表示し、そうでなければ補習と表示する、と考えればいいので、「**=IF(F3>F9,"合格","補習")**」とします。

B さん以降の判定内容をオートフィルで入力するとき、平均の F9 はそのままにする必要があるので、行番号の数がずれていかないように、F$9 とすることになります。

よって、最初に入力する式は「**=IF(F3>F$9,"合格","補習")**」となります。

入力するとき、日本語や記号が混じります。入力する前に、式をよく見て、注意すべき点を確認しましょう。

- 日本語入力が OFF になっていることを確認しよう。記号やセル番地は半角で入力します。
- 「合格」と「補習」のところだけ日本語入力を ON にして入力し、入力できたら OFF にします。
- 表示させる「合格」と「補習」の文字は「 " （ダブルクォーテーション)」で挟みます。
- 最初の「 = 」を忘れないようにしましょう。
- 括弧内は「, (カンマ)」で 3 つを区切ります。ピリオドと間違わないようにしましょう。

次のようにしてみましょう。

① 項目名として、J2 セルに「判定」と入力します。

② J3 セルに「 **=if(f3>f$9,"合格","補習")** 」と入力し、［Enter］キーを押します。

③ J3 セルのフィルハンドルを J8 セルまでドラッグし、全員の判定を行います。

合計における条件付き書式の結果と見比べてみよう。

| J | K | L |
|---|---|---|
| | | |
| 判定 | | |
| =if(f3>f$9,"合格","補習") | | |

**◆◇◆　練習　◆◇◆**　条件付き書式を使って、合格と表示されたセルに色を付けよう。

判定の結果を選択し、［ホーム］タブ➔［条件付き書式］➔［セルの強調表示ルール］➔［文字列］をクリックします。左欄には「合格」と入力します。

## 5．グラフ

分析には、データを視覚化するグラフも多用されます。例として、1 クラス（6 名）において、どの科目がもっともよくできたのか、科目ごとに得点を積算したグラフを描いてみましょう。

① B2 セル～E8 セルをドラッグして選択します。

② ［挿入］タブ➔［おすすめグラフ］➔ 2 つ目の［積み上げ縦棒］をクリックします。

グラフが描かれますが、各人の合計となっています。これではどの科目がもっともよくできたのか、わかりません。データを行でまとめて棒グラフを作っているためです。列で積算した棒グラフにするために、行ではなく列をデータとして扱うようにします。

③ ［グラフのデザイン］タブ➔［行／列の切り替え］ボタンをクリックします。

横軸を科目、縦軸に積算した合計が描けます。このグラフからどのようなことが読み取れるでしょうか、考えてみよう。各科目の平均点の計算結果と見比べればわかりやすいでしょう。

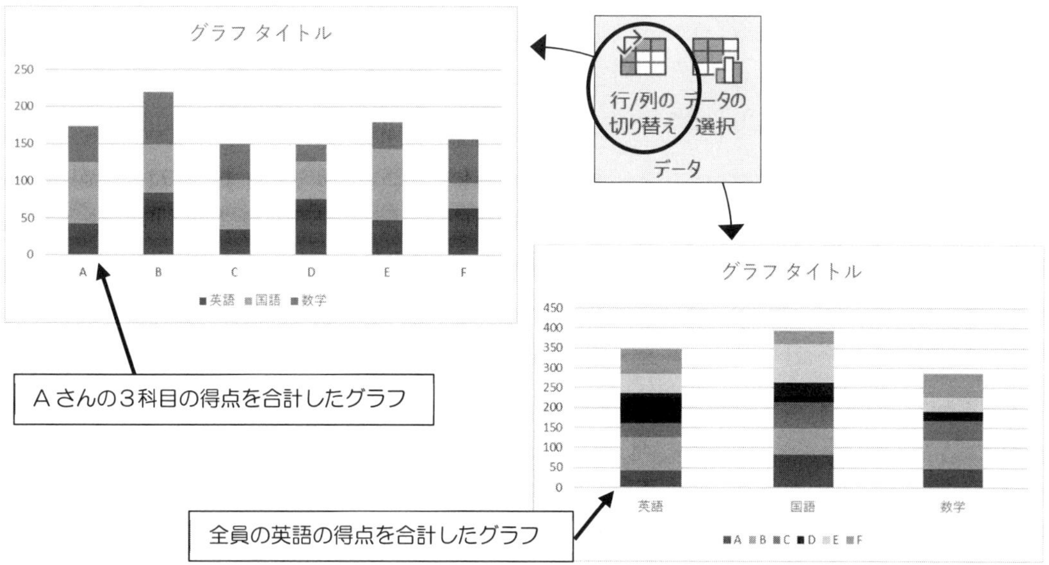


### ■ 円グラフの利用 ■

積み上げ縦棒のグラフ以外でも 3 科目の比較を行うことができます。平均を利用して円グラフで割合を示すと右図のようになります。国語の割合が高く、数学が低い、ということが割合の数値からわかります。次のようにして作成しています。

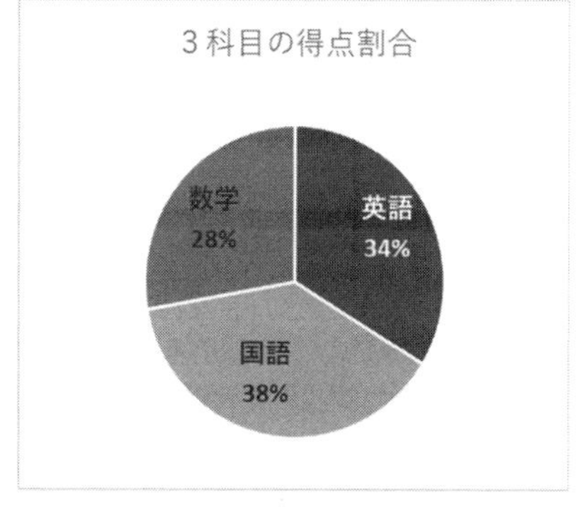


① C2 セル～E2 セルと、C9 セル～E9 セルの離れた範囲の選択（p.97）を行い、円グラフを描きます。

② p.96「（6）グラフ要素の追加」を参考にして、「データラベル」を追加し、表示された数字のラベルを右クリックして［データラベルの書式設定］をクリックして、ラベルオプションを「分類名」「パーセンテージ」だけにチェックを付けた状態に変更します。

③ 凡例を削除し、データラベルの文字の色を変更し、グラフタイトルを入力します。

## 6．Word への貼り付け

第 8 章から練習してきたように、Excel は数値の処理や、グラフの作成には非常に便利なソフトウェアです。しかし、処理結果やグラフを利用してレポートなどを作成するときは、Word を利用することになります。Excel での処理結果をコピーして、Word へ貼り付けよう。

Word を起動して、次の練習をしてみましょう。Word への貼り付けは、編集できる貼り付けと、編集できない貼り付けがあります。それぞれを試して違いを理解しましょう。

### （1）表のコピー

① Excel において、幅の調整や文字の書式、格子線を整えます。

② 表全体を含む四角の範囲（A1 セル～J10 セル）をドラッグして選択します。

③ 表の中でマウスを右クリックし、［コピー］をクリック（［Ctrl］＋［C］）します。

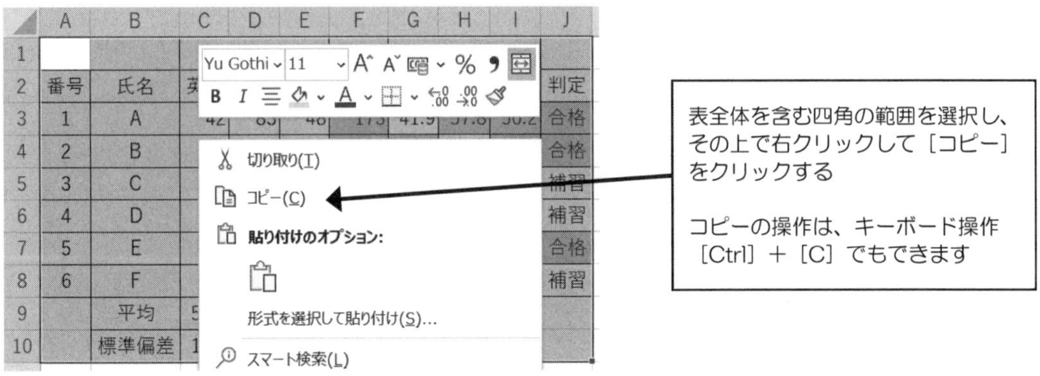


④ タスクバーで Word の画面に切り替えます。

⑤ 表を貼り付ける場所で、右クリックして「貼り付けのオプション」の左端の［元の書式を保持］をクリック（あるいはキーボード操作［Ctrl］＋［V］）します。

貼り付けられた表は Word で使っていた表と同じ形式なので、第 5 章を参考にして、表の書式を調整することができます。貼り付けた表が縦に伸びた場合、表全体を選択し、文字を小さくしてみよう。

**■ Excel の表を［図］として貼り付け ■**

⑤の貼り付けの操作において、「貼り付けのオプション」の右から 2 番目の［図］ボタンをクリックします。

文字や数字も図の一部となるため、表全体の大きさの変更が容易になります。ただし、内容の変更はできません。Excel において詳細まで完成させておく必要があります。

**■ Excel の表を「図」として貼り付けるときのグリッド線 ■**

格子線を描いていないセルには薄いグリッド線があり、この線もコピーされ、図に入ってしまいます。

これを消すためには、コピーの操作をする前に、Excel で［表示］タブ➔［目盛線］のチェックをクリックして OFF にしておきます。線がない状態でコピーの操作を行います。

コピー（&貼り付け）の操作が終わったら、［目盛線］のチェックを ON に戻しておきましょう。

### （2）グラフのコピー

① Excel において、グラフエリアのグラフタイトルの左右にある何も描かれていないところで右クリックし、［コピー］をクリックします。

② タスクバーで Word の画面に切り替えます。

③ グラフを貼り付ける場所で、右クリックして、［貼り付けのオプション］から次の事項を参考にして、選択します。2 通りの貼り付けを行い、違いを確認しよう。

➢ **「図」として貼り付け・・・**Excel で見えていたグラフのイメージのまま貼り付けられ、貼り付けたグラフの修正はできません。修正したい場合には、Excel で修正し、再度、貼り付けの操作を行います。
図を小さくしても目盛りの間隔などは変わりません。Excel でグラフのデザインを完成させ、図として貼り付けると大きさの変更がしやすく、扱いやすくなります。

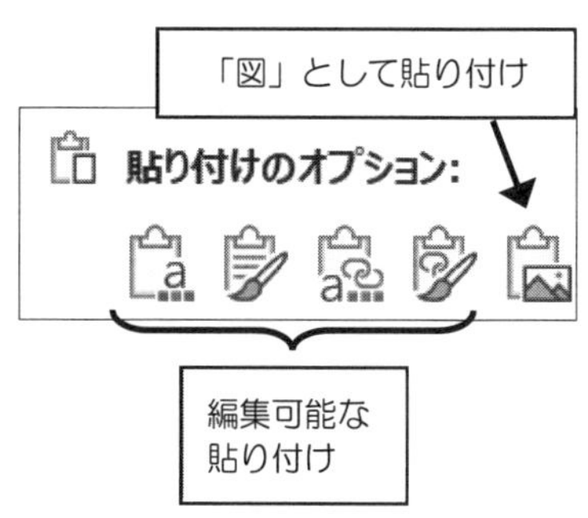


➢ **編集可能な貼り付け・・・**［Ctrl］＋［V］や、貼り付けのオプションで「図」以外を選んだ場合、貼り付けた後でも編集が可能です。貼り付けたグラフをクリックすると Word 上に Excel と同じ［グラフのデザイン］タブが表示され、グラフに関する操作ができますので、修正することができます。
貼り付けのボタンの 4 つのうち、右 2 つの鎖マークの入っているものは、Excel においてデータを修正すると Word に貼り付けたグラフも変更されます。
貼り付けたグラフの大きさを変更すると目盛りの間隔などが自動調整され、見栄えが変わります。特に、小さくしたときに、右図のように目盛りの表示がなくなってしまいます。

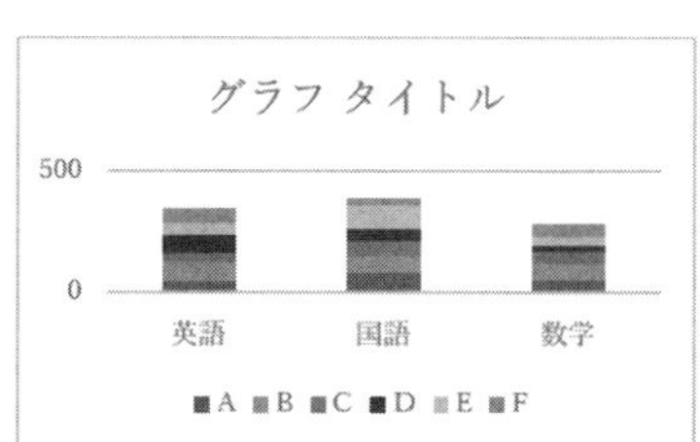


## 7．並べ替え

成績の順に並べ替えを行ってみよう。

名簿順に並んだ表で並べ替えを行った場合、結果を確認した後で、元の順番に戻すようにしましょう。

並べ替えた結果を Word へ記録して、元の順に戻しましょう。

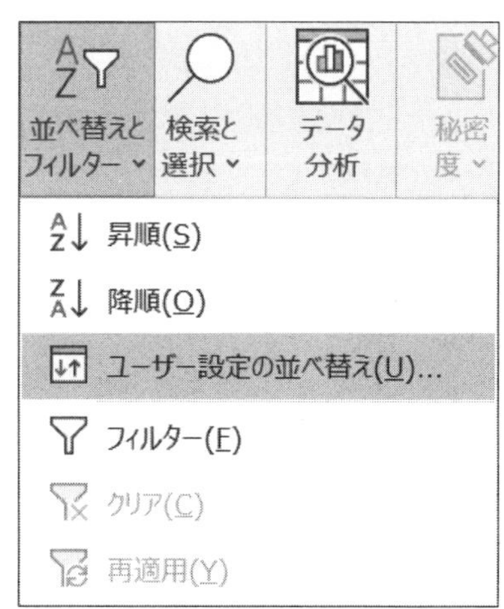


### （1）並べ替えの実行

たとえば、合計を降順で並べ替えをしてみましょう。

① 並べ替えを行うセル（A2 セル～F8 セル）を選択します。
G 列から J 列を選択しても構いませんが、ここでは選択しないことにします。

② ［ホーム］タブ➔［並べ替えとフィルター］➔［ユーザー設定の並べ替え］をクリックします。

③　［先頭行をデータの見出しとして使用する］のチェックが ON であることを確認します。
④　「最優先されるキー」の右の欄をクリックし、「合計」を選択します。
⑤　「順序」の下の欄をクリックし、「大きい順」（降順）を選択します。
⑥　［OK］ボタンをクリックすると、並べ替えが実行されます。

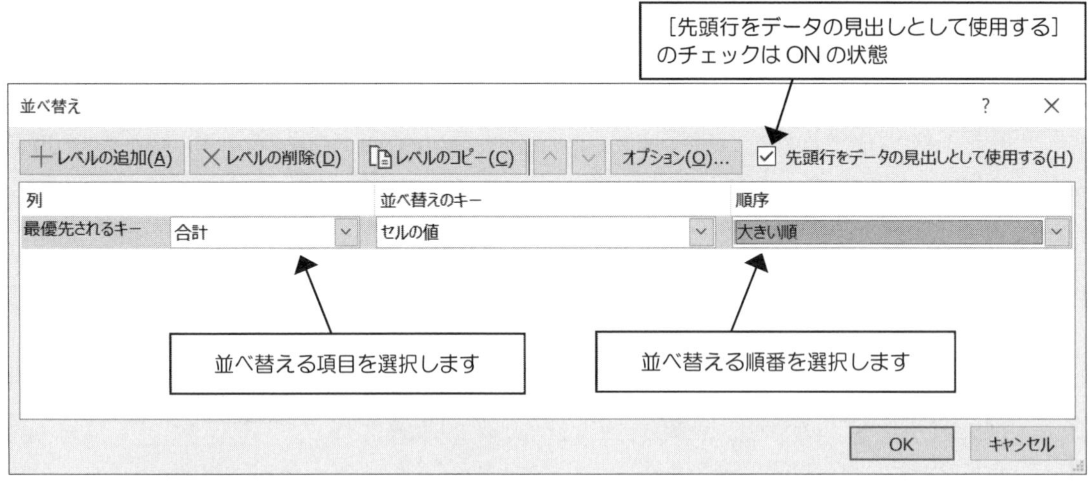


G 列～J 列を選択せずに並べ替えを行いましたが、G 列～J 列についても同様に並びが替わっています。これは G 列～J 列は番地を指定して計算しているため、並べ替えられた数値を用いて計算し直されているからです。

次の「（2）並べ替えを元に戻す」を行った後、A2 セル～J8 セルを選択して、同じ並べ替えを行い、結果が同じになることを確認しよう。

◆◇◆　練習　◆◇◆　並べ替えた結果の表全体を Word へ貼り付けよう。

Word にすでに表があるとき、表がくっつかないように、行を空けて貼り付けるように気をつけよう。

**■　2 つ以上の項目を使って並べ替え　■**

上図において、［レベルの追加］ボタンをクリックすると、「次に優先されるキー」が追加されます。並べ替えを行う内容を追加できます。

人数が多い場合には合計が同点となるケースが考えられます。そのとき、次に同点者の中での順序を英語の点数が高い順に並べる、というような利用方法が考えられます。

### （2）並べ替えを元に戻す

①　A2 セル～F8 セルを選択します。
②　［ホーム］タブ➔［並べ替えとフィルター］➔［昇順］をクリックします。

「ユーザー設定の並べ替え」を使うことなく、表の左端の項目「番号」によって並べ替えを実行することができます。

この例のように、データを元の順番に戻すために、左端の列に出席番号などの番号を付けておくように表を作成すると元に戻しやすくなります。

## 8．Word でのレポート作成

本書は Excel の専門書ではないため、これ以上の処理については専門書に譲ります。

今後、データを収集し、分析した結果をレポートとしてまとめるときには、次の内容に留意しましょう。それぞれを章として明確に分けるとレポート全体の構成ができあがります。

- これから行う分析に関連する背景説明、および分析の動機
- データの説明（いつ、どのように収集されたデータなのか）
- これから行おうとする分析の方法
- 分析結果（計算結果やグラフ）
- 結果から考えられる考察
- まとめ

=== 練習課題 ===

（1）第 9 章の気温のデータの内容を分析してみよう。たとえば、IF 関数によって平均より高い場合には「高い」と表示させる、平均との差を求めてそれを折れ線グラフにする、などが考えられます。その他にも分析を考えて実行し、その結果について考察を書いてみましょう。

（2）第 8 章の人口の推移のデータの内容を分析してみよう。第 9 章の練習問題で描いたグラフに加え、表での処理、処理を行った結果のグラフ化などを試みましょう。

（3）インターネットにはさまざまなデータが公開されています。興味のある分野でのデータを探し、計算処理やグラフ作成を行って、分析をしてみよう。Word へ貼り付けて、分析結果についてレポートを作成してみましょう。

**■ 本章の結果の表 ■**

| | | 得点 | | | | 偏差値 | | | |
|---|---|---|---|---|---|---|---|---|---|
| 番号 | 氏名 | 英語 | 国語 | 数学 | 合計 | 英語 | 国語 | 数学 | 判定 |
| 1 | A | 42 | 83 | 48 | 173 | 41.9 | 57.8 | 50.2 | 合格 |
| 2 | B | 84 | 65 | 71 | 220 | 63.3 | 49.7 | 63.8 | 合格 |
| 3 | C | 35 | 66 | 49 | 150 | 38.4 | 50.1 | 50.8 | 補習 |
| 4 | D | 76 | 50 | 23 | 149 | 59.2 | 43.0 | 35.4 | 補習 |
| 5 | E | 47 | 96 | 36 | 179 | 44.5 | 63.6 | 43.1 | 合格 |
| 6 | F | 63 | 34 | 59 | 156 | 52.6 | 35.8 | 56.7 | 補習 |
| | 平均 | 57.8 | 65.7 | 47.7 | 171.2 | | | | |
| | 標準偏差 | 19.7 | 22.2 | 16.8 | 26.9 | | | | |

# 第 11 章　プレゼンテーションスライドの作成

発表などのときに PowerPoint のスライドを使ったプレゼンテーションが行われることが多くなりました。話しながら見せるスタイルは、内容を理解してもらうのに適しています。

PowerPoint は個人的な利用目的が少ないソフトウェアです。そのため、パッケージ版の Office には Word と Excel は入っているけれど、PowerPoint が入っていないものがあります。自宅のパソコンに PowerPoint が入っているか、確認してみましょう。

本章では練習のテーマとして、夏休み前なら「夏休みに取り組んでみたいこと」、年度末なら「来年度に取り組んでみたいこと」などを発表する場面を想定し、スライドを作成してみましょう。スライドの枚数は 4 枚にしてみましょう。スライドを見せながら説明している自分の姿を想像しながら作業を進めてください。

## 1．基本事項

### （1）PowerPoint の起動とスライドサイズ

PowerPoint を起動して、画面の確認を行おう。起動直後はテンプレートという文書形式の見本が多く表示されますが、そのまま［Enter］キーを押すと、左上の「新しいプレゼンテーション」が選択されて、次のような画面となります。

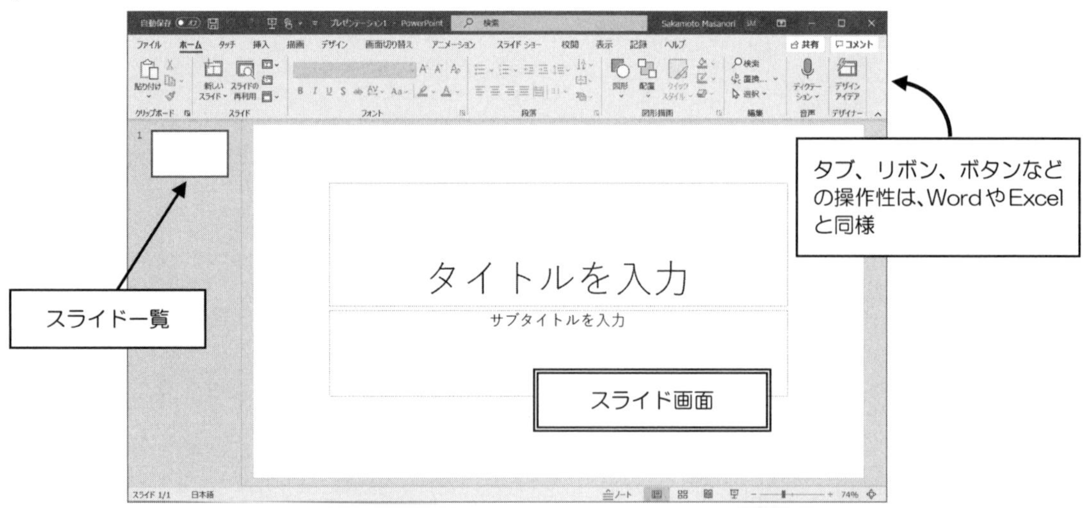


スライドはワイド画面のディスプレイに合わせて（16 : 9）サイズになります。

以前のディスプレイは（4 : 3）サイズでした。スライドをそのサイズに変更するためには、［デザイン］タブ➔［スライドのサイズ］をクリックすれば、切り替えることができます。

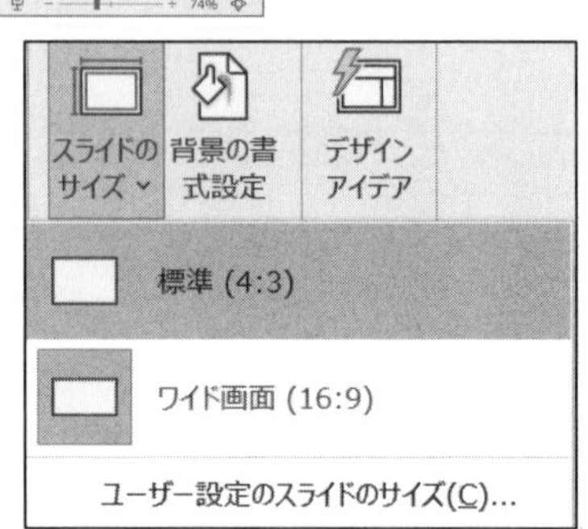

### （2）作業の流れ

スライド作成の手順はさまざまな方法があります。本書では全体的な構成を重視したアウトラインを作成してからスライドを作り込んでいくという方法をとります。

### （3）ノート入力

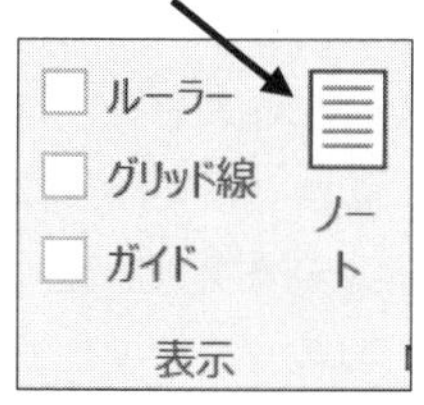


［表示］タブにある［表示］グループの［ノート］ボタンをクリックすると、スライド画面の下にノート（メモ）スペースが現れ、それぞれのスライドについて、注釈や覚書などをメモすることができます。

### （4）保存

保存の方法は Word（p.32）や Excel（p.81）とほぼ同じなので省略します。上書き保存を行いながら作業を進めるようにしましょう。

## 2．文字の入力

### （1）アウトラインの作成

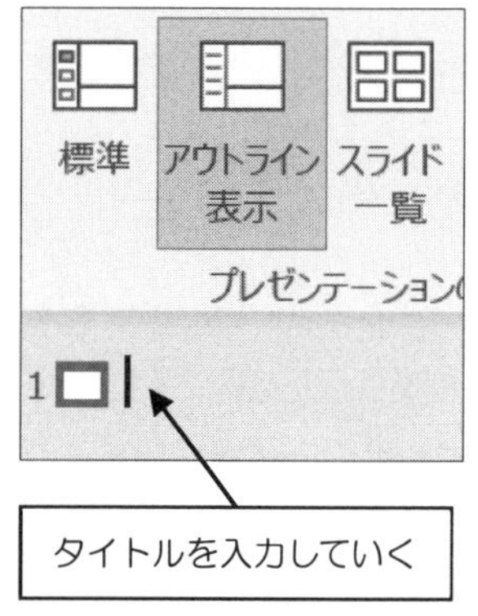


全体の話の流れを「アウトライン」を利用して組み立てましょう。

［表示］タブ➔［アウトライン表示］をクリックします。左側をクリックすれば、カーソルが現れて文字入力ができるようになります。

1 枚目のスライドは「発表のタイトル」です。講演発表などでは講演題目にあたります。スライド全体の内容を表すタイトルを入力します。入力後、［Enter］キーを押すと、2 枚目に移ります。

2 枚目以降は「それぞれのスライドの見出し」にします。それぞれのスライドに付けるタイトルを入力します。スライド 1 枚で話す内容をしぼり、見出しを考えます。

本章での作成練習は 4 枚で行いますが、今後自分で作成するときには、発表時間によって枚数を調整しましょう。内容にもよりますが、1 枚あたり 1 分程度を目安にして枚数を考えてみましょう。

**■　発表のタイトル　■**

タイトルは具体的なものにします。「取り組んでみたいこと」では内容を思い浮かべることができません。たとえば、「カナダへの語学留学」や「小学校教員免許の取得」などとします。

**■　それぞれのスライドの見出しで全体の構成をつくる　■**

話の流れがつかみやすいような構成を心がけましょう。たとえば、「動機→計画→実行→成果」、「過去→現在→未来」などのような流れです。最後の 1 枚は、全体の話をしめくくるための「まとめ」や「結論」となるのが一般的です。

本章での作成練習の 4 枚のスライドのうち、最初の 1 枚はタイトルスライドなので、3 枚で内容を構成します。レポート同様、序論→本論→結論、という流れを考えましょう。

スライドのタイトルは、1 枚のスライドで話す内容を簡潔な見出しで表現しますが、「序論」や「はじめに」などではなく、やはり内容を具体的に表現したものにしましょう。

### （2）スライド表示での内容入力

［表示］タブ➔［標準］をクリックして、スライドの内容を入力していこう。

左側はスライド一覧になります。一覧からスライドを選択し、スライド画面で編集していきます。

1枚目は、スライド画面の「サブタイトルを入力」をクリックして所属と氏名などを入力します。タイトルに副題を付けたい場合、タイトル部分をクリックして、改行して2行にするとよいでしょう。

2枚目以降は、「テキストを入力」をクリックして、内容を箇条書きにしていきます。

真ん中にボタンがあります。意図して使うときはいいのですが、それ以外ではクリックしないようにしましょう。クリックするとボタンに応じて表やSmart Artが表示され、文章入力ができなくなります。間違ってクリックして表などが出てしまったときには、［Ctrl］＋［Z］で元に戻しておきましょう。

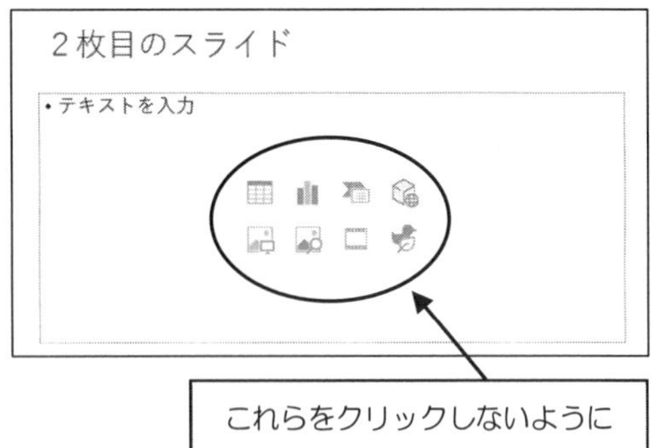


■　読みやすさ　■

文字飾りでの読みやすさの前に、文章として読みやすいように工夫をしましょう。

1つの文を1行以内に収めると読みやすくなります。複数行になってしまう場合、削れる語句はないか、文を分けられないか、などを考えましょう。

たとえば、「小学生の時からサッカーを始め、今も続けているので、社会人になっても関わっていきたい」という文章があるとします。この文章を2つに分けると、主たる内容の「社会人になってもサッカーに関わりたい」という文と、それを説明する「小学生の時から続けているから」という文になります。この2つを並べて同じように表現するのではなく、説明する文は、次の「3.（1）インデント」を用いて表現するようにします。

箇条書き（説明文も含め）の間に空白行を入れておくと、それぞれが独立して読みやすくなります（p.115の例を参照）。

■　箇条書き　■

2枚目以降の内容はキーワードを中心とした箇条書きにします。1枚のスライドに書くのは3つ程度の内容にして、それぞれを箇条書きにしてみましょう。

数行にわたるような文章では読むのに時間がかかり、聴衆は話を聞かなくなります。1文を1行にするなど、簡潔な文章表現が望まれます。

■　Smart Artの利用　■

話の流れや構成を表すとき、Smart Artを利用して図にするとわかりやすい場合があります。趣旨に合ったデザインを選んで利用しましょう。

文章とSmart Artを一緒に用いる場合には、文章の入力を優先し、先に文章を入力しましょう。文章を入力した後、［挿入］タブ➔［Smart Art］ボタンをクリックしてSmart Artを挿入します。逆にすると、文章の入力場所がなくなることがあります。

Smart Artの使い方についてはp.66を参照してください。

## 3．編集

### （1）インデント

箇条書きした内容を詳細に説明するとき、主たる内容の文と説明となる文の行頭をずらし、文字の大きさを小さくすることで、文章の関係をわかりやすくします。説明文となる文章の見え方を「インデント」によって変更します。Word のインデント（p.39）とは異なり、左端の位置だけでなく、文字の大きさも変更されます。

インデントを設定する行にカーソルを置き、［ホーム］タブ➔［インデントを増やす］ボタンや［インデントを減らす］ボタンでインデントを設定します。

1 つ 1 つの箇条書きを入力しながら操作してもよいのですが、1 枚のスライドのすべての箇条書きの主たる文と説明文の入力が終わってから、まとめて操作をしたほうがスムーズに作業できることでしょう。

- **［インデントを増やす］ボタン**：行頭を右へずらし、文字を小さくする
- **［インデントを減らす］ボタン**：行頭を左へ戻し、文字を大きくする

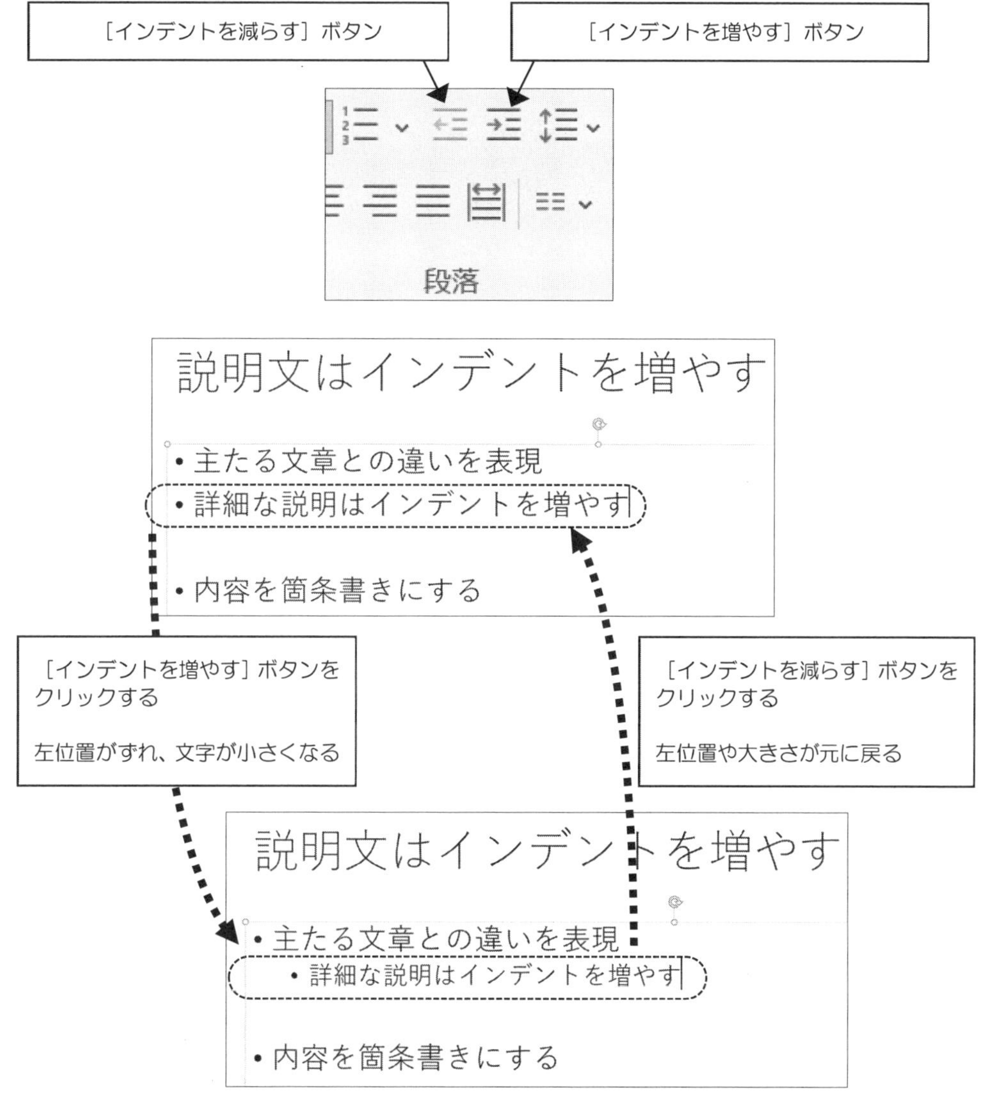

### （2）箇条書きの行頭文字

箇条書きになっているところでは行頭に「●」や「◆」などの記号が付いています。

変更する場合は次のようにします。

- ➢ 変更する行を選択し、[ホーム] タブ➔ [箇条書き] ボタンの ⌄ をクリックし、右図の選択肢から利用するものをクリックします。
- ➢ 右図以外のものを選ぶ場合には、選択肢の下にある [箇条書きと段落番号] をクリックすると、詳細な設定画面が現れます。その中の [図] ボタンおよび [ユーザー設定] ボタンで任意のものを選ぶことができます。

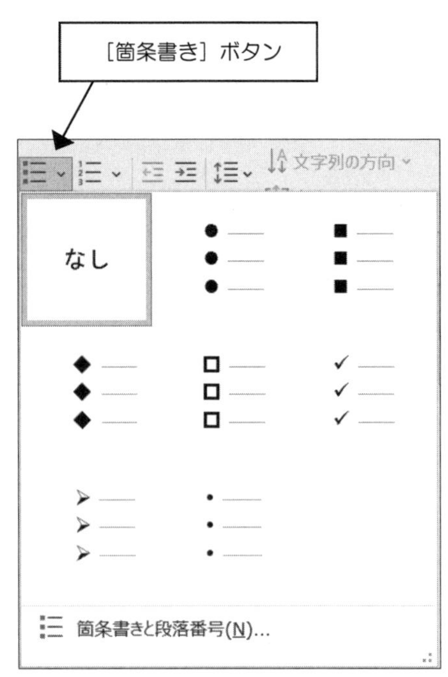


**■ 行頭文字が消えてしまった場合 ■**

文字を修正しているときに [Back Space] キーを押しすぎて行頭文字を消してしまうことがあります。そのときには[ホーム] タブ➔ [箇条書き] ボタンをクリックすれば行頭文字が再び現れます。

**■ 行頭文字の統一 ■**

行頭文字を部分的に変更すると、統一感がなくなる場合があります。また、次の「4．スライドデザイン」を適用すると行頭文字が変わる場合があります。変更する場合には、デザインを決めてから変更するようにしましょう。

### （3）スライドの追加

現在表示しているスライドの次に、同じレイアウトで空白のスライドを追加するとき、[ホーム] タブ➔ [新しいスライド] の上半分の図の部分をクリックします。

文字の部分をクリックすると、スライドのレイアウトを選択して追加することができます。本章の例では 2 枚目以降のレイアウトは「タイトルとコンテンツ」です。

### （4）スライド順序の変更

スライドの順序を変えることは簡単にできます。次のようにします。

① 左端にスライド一覧が見えている状態にします。

② スライド一覧から順序を変えたいスライドにマウスを合わせ、上下にドラッグします。

③ スライド間に細い線がガイドとして現れるので、移動先の位置になったところでマウスのボタンを離します。

## 4．スライドデザイン

［デザイン］タブにあるスライドデザインを適用してみましょう。適用後はすべてのスライドを見て、確認しましょう。図を配置する前に、背景や文字のデザインを決めておきます。

### ■　「テーマ」の利用　■

「テーマ」グループに表示されているデザインをクリックします。すべてのスライドのデザインが変わります。右端の ⌄ や ⊽ をクリックすると他のテーマが現れます。

文字が読みやすいものを選ぶようにしましょう。

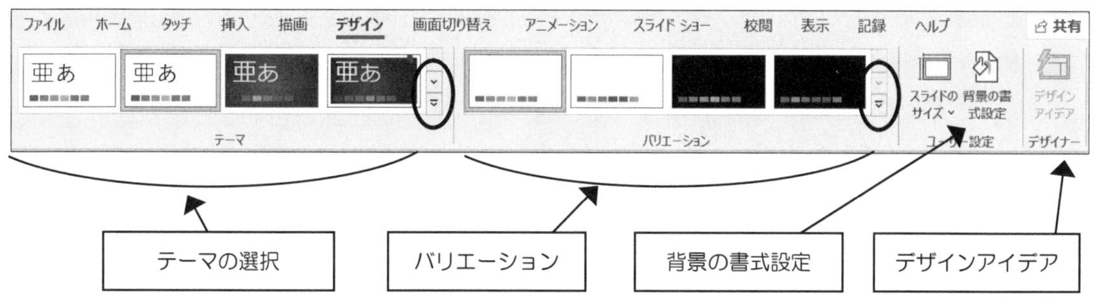


### ■　バリエーション　■

「バリエーション」グループに、それぞれのテーマの色違いが表示されます。右端の ⊽ をクリックすると、配色だけでなく、フォント、効果、背景のスタイルを変更できます。

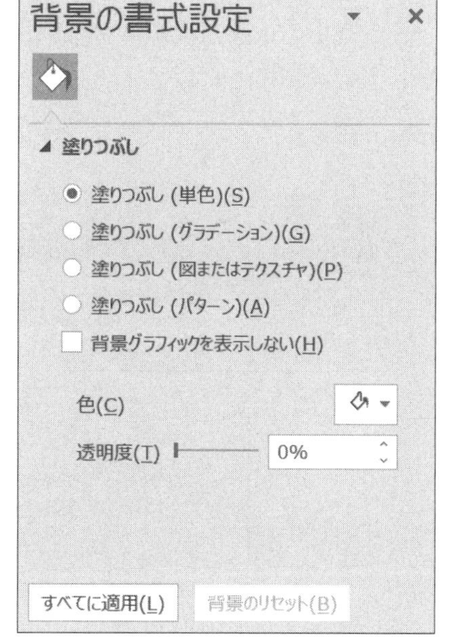


### ■　シンプルな背景　■

［背景の書式設定］ボタンをクリックすると、画面右端に「背景の書式設定」が現れます。単純な塗りつぶしやグラデーションにするときはこの設定を使います。

テーマとともに利用することもできますが、テーマを用いずに、シンプルな色だけの背景を設定するときに利用するとよいでしょう。

設定した後、下部の［すべてに適用］ボタンをクリックして、スライドすべてを同じ設定にするとよいでしょう。

### ■　デザインの統一　■

デザインや文字の書体など、1 枚 1 枚バラバラに設定することもできます。しかし、統一感のないスライドは良いデザインとは言えません。デザインの違いや書体の違いが何か意味をもつのではないか、などと、見ている人が混乱してしまうかもしれません。

スライドは統一したデザインにしましょう。

## 5．レイアウト

### （1）図の挿入

スライドには、さまざまな画像、ワードアート、図形および Excel のグラフなどを入れることができます。挿入の仕方や貼り付けの方法など、Word で学んできた方法と同じです。図の移動や変形などを復習し、配置よくレイアウトしましょう。

ホームページから図をコピーしてきた場合には、テキストボックスを利用して URL を明記するようにしましょう。

PowerPoint には Word のような「文字列の折り返し」はありません。自由に図を動かすことができます。図が文字と重ならないように気をつけましょう。

また、タイトルや内容入力をしている箇条書きの部分は Word などで学習したテキストボックスと同じ扱いができます。移動や大きさの変更ができます。

**■　Microsoft365 版の［アイコン］ボタン　■**

Microsoft365 版の PowerPoint において、［挿入］タブ➔［アイコン］ボタンをクリックすると、さまざまな画像が用意されています。それぞれを確認してみましょう。選択して［挿入］ボタンをクリックすれば、スライドに配置できます。

これらは Microsoft から提供されているものなので、断りなく利用することができます。

パッケージ版の PowerPoint では「アイコン」のみとなっています。

### （2）スライドレイアウトの変更

スライドのレイアウトは、1 枚目は「タイトルスライド」、2 枚目以降は「タイトルとコンテンツ」というレイアウトです。もっとも一般的なスライドの形式です。

スライドのレイアウトを変更するときには、［ホーム］タブ➔［レイアウト］ボタンをクリックし、選択肢の中から適用するものをクリックします。

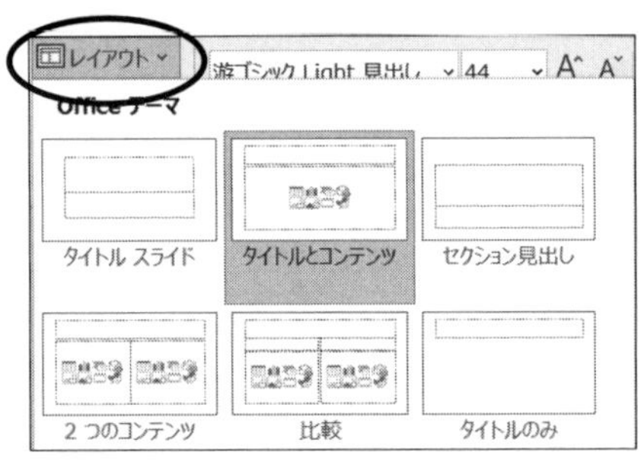

**■　Microsoft365 版のデザインアイデア　■**

Microsoft365 版の PowerPoint には、文字や図のレイアウトを提案するデザインアイデアという機能があり、自動的に表示されることがあります。［デザイン］タブ➔［デザインアイデア］ボタンをクリックすることでも表示できます。

デザインは格好の良いものがあげられているので、インパクトのあるスライドを作成することができます。

しかし、適用後、文字の大きさが小さくなったりすることがあります。作る側の自己満足に陥ることなく、見ている人に伝わるスライドになっているかどうか、という視点で選びましょう。

適用した後で、文字の大きさや、図の配置や大きさなどを変更することができます。ある程度の配置をデザインアイデアにまかせて、こまかな修正を自分でできるようになるとよいでしょう。

**■　スライドショーでの確認　■**

スライドデザインの設定ができたら、スライドショーをして全画面の状態で確認しよう。

［F5］キーを押してスライドショーを開始し、［Enter］キーを押していきます。最後のスライドに到達しても、［Enter］キーを押していけば、元の編集画面に戻ることができます（詳細は p.121）。

［Fn］キーを押しながら［F5］キーを押さないとスライドショーが始まらない機種があります。利用している機種を確認して［F5］キーを利用しましょう。

## 6．アニメーション効果

### （1）スライド切り替え時のアニメーション

スライドショーをしているとき、スライドが替わるときに動きがあれば、スライドが替わったことを示しやすくなります。次のように設定します。

①　［画面切り替え］タブをクリックします。

②　「画面切り替え」グループの選択肢から効果をクリックして選択します。

③　［効果のオプション］をクリックすると、方向などの設定が選択できます。

④　動く速度を変えたいとき、切り替えにかかる時間を「期間」で設定します。

⑤　同じ動きにするために、［すべてに適用］ボタンをクリックします。

右端の「画面切り替えのタイミング」は「クリック時」のままにしておきましょう。発表しているときのタイミングでスライドは切り替えます。また、音も付けないほうがいいので「サウンドなし」のままにしておきます。

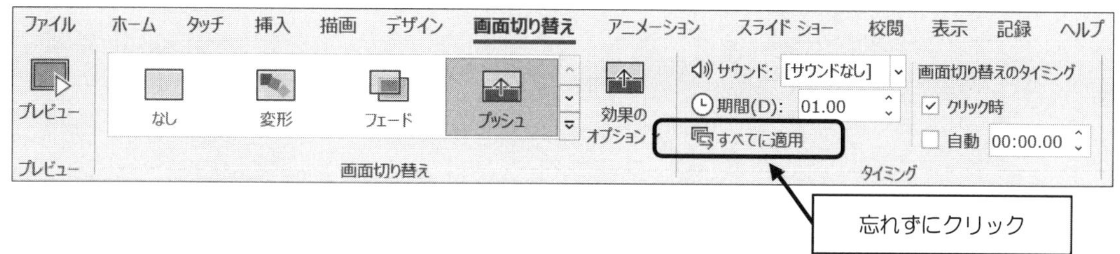

## （2）スライド内のアニメーション

図や文字をアニメーション効果で動かすことにより、インパクトのあるスライドにすることができます。文字は動かしすぎると読みにくくなるので気をつけましょう。

［アニメーション］タブをクリックしましょう。

次の 4 種類の動かし方があります。

- ［開始］：効果とともに現れる
- ［強調］：注目を引く強調表現をする
- ［終了］：効果とともに消える
- ［アニメーションの軌跡］：軌跡に沿って動かす

この中で一般的な動きは［開始］と［強調］です。

1 枚目のタイトルスライドで練習しよう。1 枚目のスライドはタイトル、所属と氏名、図といった要素に分かれます。それらをどの順序で動かすのを考えてから作業しましょう。たとえば、タイトル→氏名→図という順番で表示していくように動かすのがよいでしょう。

次の手順は動かす要素の分だけ繰り返します。動かす順番に設定していきましょう。

① アニメーションを付ける要素をスライド画面でクリックします。

② 動かし方を選択します。［アニメーションの追加］ボタンをクリックすると、上図のような一覧が出てきます。さらに違う動かし方を探すときには、一覧の下にある「その他の～」をクリックします。
左側にボタン状になって見えているものから選んでもよいでしょう。右端の ▽ をクリックすると、上図のような一覧が表示されます。

③ それぞれの動き方について、方向などを調整できる［効果のオプション］があります。クリックして設定しましょう。
ボタンのマークは効果によって異なります。

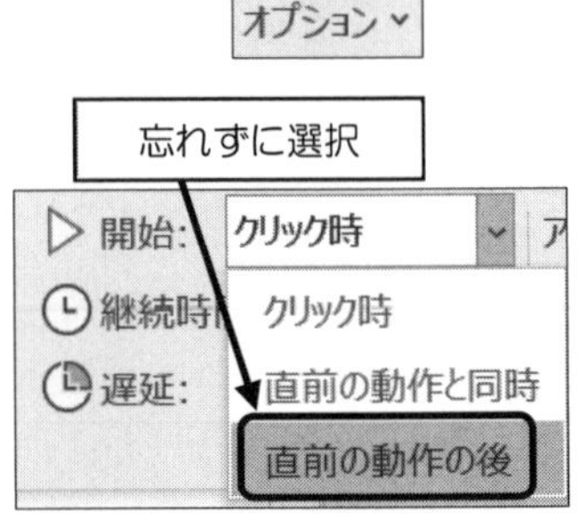


④ 「開始」欄をクリックして、［クリック時］から［直前の動作の後］に変更します。自動的に動いて表示されるようになります。
［クリック時］のままでは、クリックするまで動きません。クリックを忘れて、表示されていない状態で話を始めてしまうという失敗がしばしばあります。

⑤ 1 つの動きにかかる時間を「継続時間」で設定します。速く感じたり遅く感じたりしたら変更します。

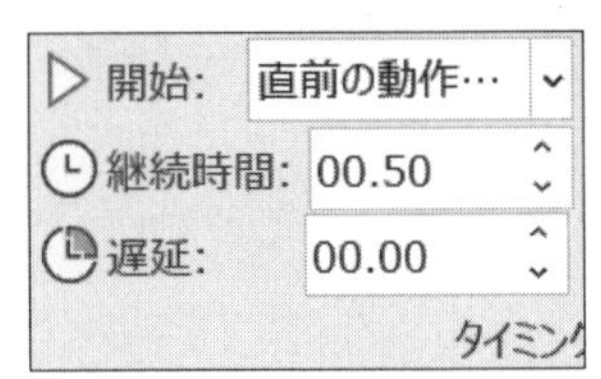


⑥ 「遅延」は通常は「00.00」のままにして、すぐに動くようにしておきましょう。

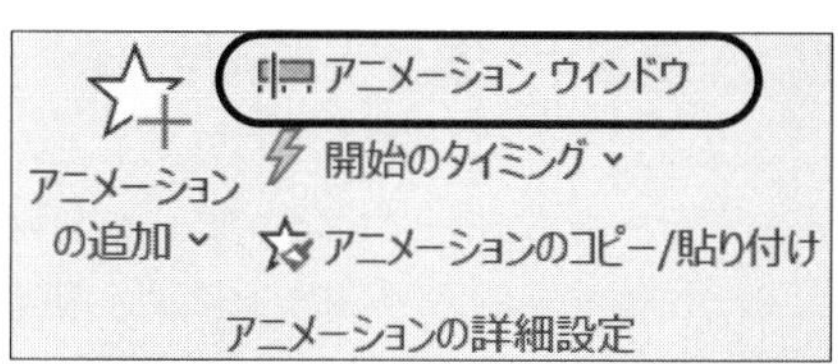


■ **アニメーションの確認** ■

すべての設定が終われば、スライドショーを実行して確認しましょう。前ページの⑤を忘れることが多いので、クリックせずに 1 枚のスライドの要素がすべて表示されるか、よく確認しましょう。

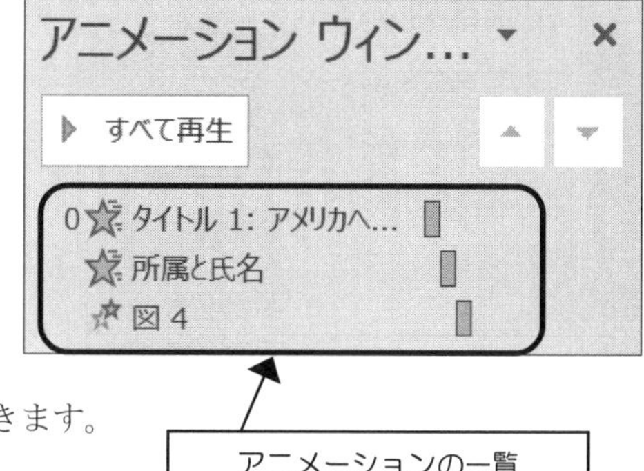

アニメーションの一覧

動く順番の変更や動きをなくすときには［アニメーションウィンドウ］ボタンをクリックして表示させる設定画面を用います。動くものの一覧が表示され、上から動くようになっています。

- **動く順番を変更したいとき**：一覧の要素をドラッグして順番を入れ替えることができます。
- **不要な動きがある場合**：不要な動きを一覧からクリックして選択し、［Delete］キーを押せば削除できます。

## 7．スライドショーを使った発表

作成したスライドを使って発表会をしてみましょう。実際に発表する前に、画面の内容と話す内容が聞いている人にうまく伝わるように、全体の流れを頭に入れ、よく練習しておきましょう。

発表のときには、大きな声ではっきりと話すようにします。余裕があれば聞いている人の反応を見ながら話すとよいでしょう。

### （1）スライドショーの実行

発表のときにはマウスが付いていないノートパソコンが使われることが多くあります。キーボードでスライドショー操作ができるようにしておきましょう。マウスがあったとしても、壇上で細かな操作をするのは難しいものです。

- **スライドショーの開始**：［F5］キーを押せばすぐにスライドショーが始まります。
  機種によっては、［Fn］キーを押しながら［F5］キーを押します。
- **スライドの切り替え**：矢印キーで切り替えると便利です。［→］キーで次のスライドへ進みます。
  逆に、［←］キーで前のスライドに戻ることができます。進む場合には［Enter］キーも使えます。
- **スライドショーの中断**：［Esc］キーを押します。編集画面に戻ります。

発表の時間が足りなくなって、アニメーションを待てないときや、最後のスライドが終わった後の暗い画面の後も［→］キーあるいは［Enter］キーを押しましょう。

■ **マウスでのスライドショーの開始** ■

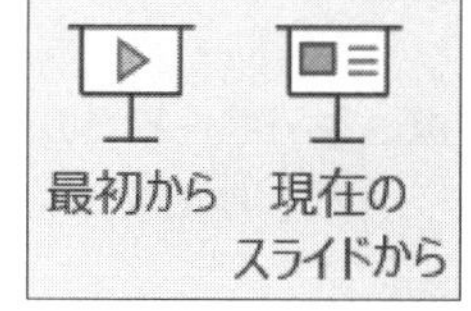


マウスでスライドショー操作を行う場合、［スライドショー］タブ➔［最初から］ボタンをクリックして開始し、スライド切り替えはマウスをクリックします。

■ **途中のスライドからスライドショーを実行する** ■

最初からではなく、途中のスライドから開始することができます。始めるスライドを表示している状態で、［スライドショー］タブ➔［現在のスライドから］ボタンをクリックします。

### （2）発表中でのマウス利用

スライドの中で特に注目して見てもらいたいところがあるとき、アニメーション効果を付けて注目させるだけでなく、発表中にマウスを利用して注目させることができます。

マウスを動かせば、マウスポインターが現れます。注目させたいところで動かすだけでも視線を集めることができるでしょう。

さらに便利なツールも用意されていますので、利用してみましょう。スライドショー実行中に、マウスを右クリックするとメニューが現れますので、［ポインターオプション］にマウスを合わせます。

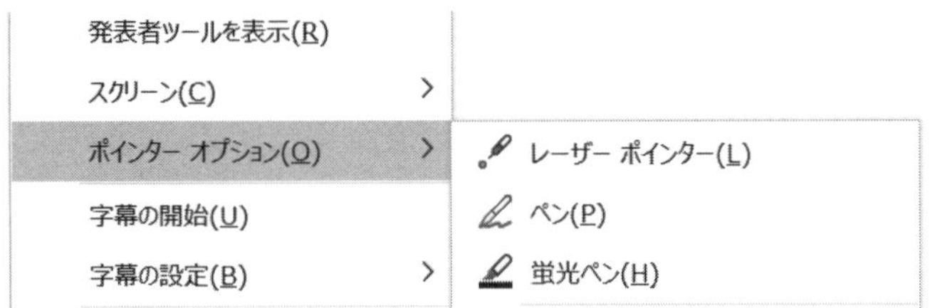


**■　レーザーポインター　■**

右クリックして［ポインターオプション］➔［レーザーポインター］をクリックします。すると、赤く光るポインターが出現します。それを使って注目してもらいたいところを指し示します。

**■　ペン（線を描く）　■**

右クリックして［ポインターオプション］➔［ペン］をクリックします。マウスポインターは点になります。

マウスをドラッグすると、スライドショーの上にフリーハンドで図を描くことができます。注目してほしいところに丸を描いて囲むなどの利用が考えられます。

スライドショー終了時に、「インク注釈を保持しますか？」と聞かれます。必ず［破棄］ボタンをクリックします。

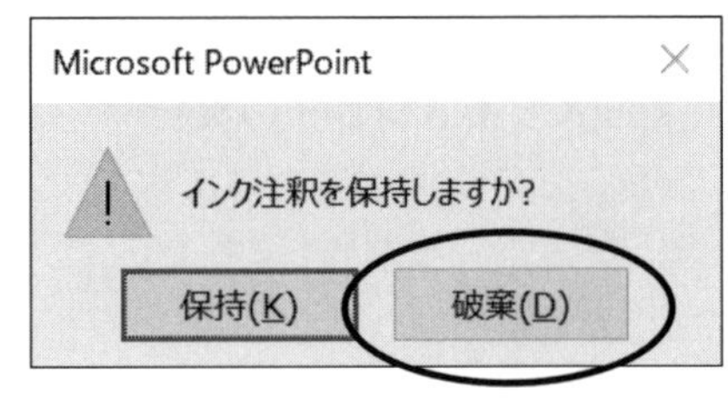


**■　蛍光ペン（ラインマーカー）　■**

右クリックして［ポインターオプション］➔［蛍光ペン］をクリックします。文房具のラインマーカーのようになり、ドラッグすると、透明な塗りつぶしの線を引くことができます。

注目してほしいキーワードなどに重ねてラインマーカーの線を引く、などの利用が考えられます。

この場合にも、最後に「インク注釈を保持しますか？」の表示が出ますので、［破棄］ボタンをクリックします。

**■　キーボードでのスライド切り替え　■**

上の 3 種類（レーザーポインター、ペン、蛍光ペン）を選択しているとき、マウスをクリックしてもスライドは切り替わりません。［→］キー（あるいは［Enter］キー）を使いましょう。

右クリックして［次へ］を選択することもできますが、キーボードでスムーズに操作しましょう。

### （3）発表者ツール

聴衆にプロジェクターなどでスライドショーを見せているとき、発表者の手元のコンピューターの画面を「発表者ツール」にすると、次のスライドや、注釈や原稿を書いたノートを見ることができ、発表しやすくなります。

自動的に発表者ツールが表示されていない場合、スライドショー実行中に、右クリックして［発表者ツールを表示］をクリックします。すると、次のような画面になります。

操作は、通常のスライドショーと同じなので、［→］キー（あるいは［Enter］キー）を使ってスライドを進めましょう。

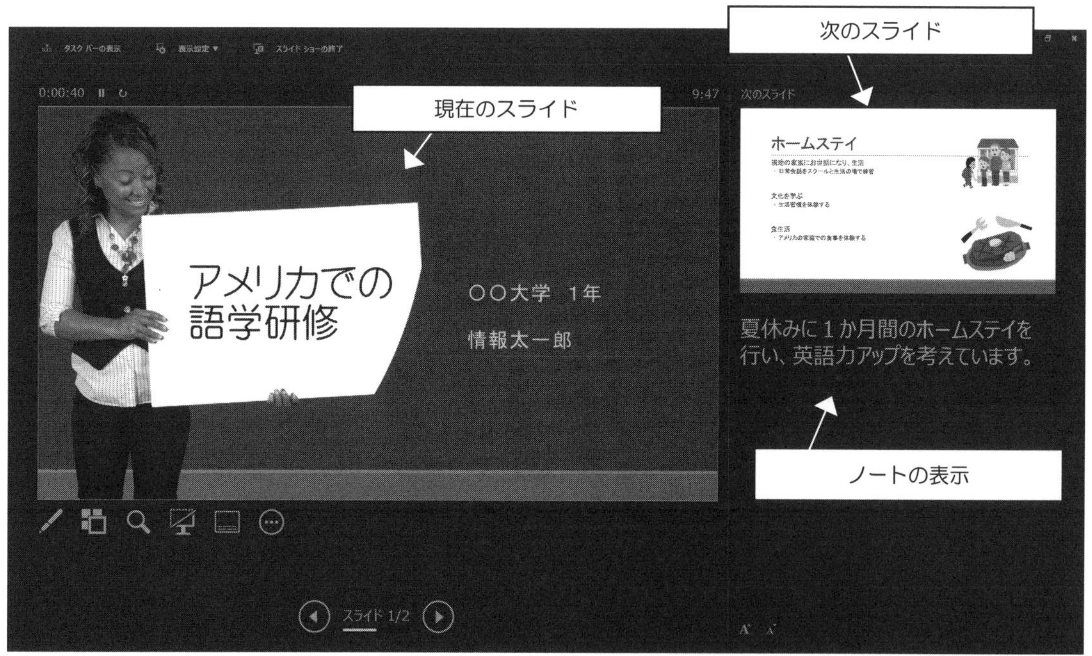


現在のスライドと次のスライドが同じであるとき、まだ動いていないアニメーション効果があることを示しています。動かし忘れないようにしましょう。

■　注意　■

コンピューターの画面設定により、発表者の画面と聴衆への表示画面が同じ（複製の状態）になり、発表者ツールが聴衆に見えてしまうことがあります。第 1 画面（発表者の画面）と第 2 画面（聴衆への表示画面）が別々になる設定（拡張の状態）となるように、利用しているコンピューターの設定をしておきましょう。［ ⊞ ］＋［P］で複製と拡張を切り替える選択肢を表示することができます。

### （4）自動切り替え

［スライドショー］タブ➔［リハーサル］機能を用いると、スライドの自動切り替えの時間を設定することができます。しかし、練習のときと発表のときを秒単位まで同じにすることはなかなかできません。話している途中で画面が切り替わってしまうとあわててしまい、パニック状態になることもあります。自動切り替えはせずに、［→］キー（あるいは［Enter］キー、マウスクリック）を使って手動で切り替えたほうが発表時の緊張は少ないでしょう。

## 8．印刷

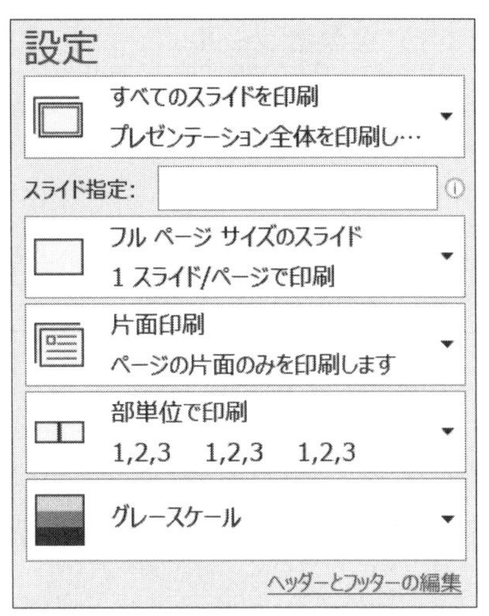


［ファイル］タブ➔［印刷］をクリック（あるいは［Ctrl］＋［P］）すると、印刷画面になります。［印刷］ボタン、プリンターの選択、プレビュー画面、印刷される枚数に関することは、これまでに Word および Excel で学んできたことと共通です。ここでは PowerPoint 特有のことを説明します。

### （1）スライド 1 枚を用紙 1 枚へ印刷

PowerPoint を使ってチラシを作成している場合など、1 枚のスライドを 1 枚の用紙を利用して大きく印刷することでしょう。［フルページサイズのスライド］の状態になっていることを確認します。設定を変更しない限り、この状態になっています。

数枚のスライドのうち、特定のスライドだけを印刷することがあります。現在プレビューしているスライドだけを印刷するとき、［すべてのスライドを印刷］をクリックして、「現在のスライドを印刷」に変更します。

「スライド指定」の欄に、「 **2-4** 」と入力すると、2 枚目から 4 枚目のスライドが用紙 3 枚へそれぞれ印刷されます

### （2）スライド数枚を用紙 1 枚へ印刷（配布資料）

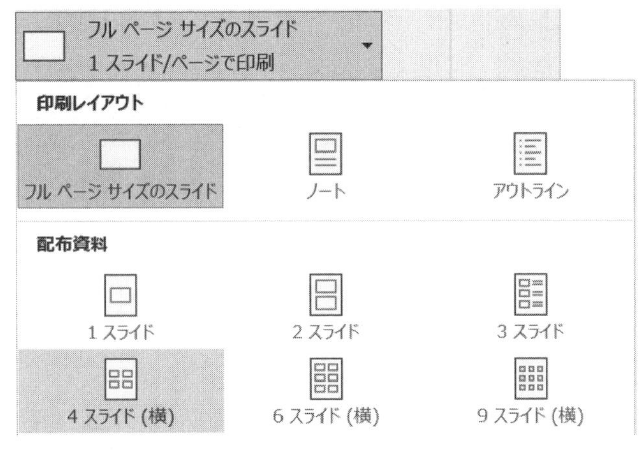


スライドを資料として配布する場合や、発表のときの原稿として利用する場合など、数枚のスライドを用紙 1 枚にまとめて印刷するとよいでしょう。紙の節約にもなります。

［フルページサイズのスライド］をクリックし、1 ページに何枚かのスライドを収める配布資料の形式を選択します。

本章の例では 4 枚のスライドを作成していますので、［4 スライド（横）］あるいは［4 スライド（縦）］をクリックして選択します。

9 スライドまでが用意されていますが、文字が小さくなりすぎるかもしれません。4 スライドか 6 スライドでの印刷にするとよいでしょう。

### （3）用紙の方向

配布資料形式の場合、用紙を縦方向にするか横方向にするか選べます。4 スライドの場合、用紙を横方向にしたほうがスライドは大きく印刷されます。

スライドをフルサイズ印刷するときは、この項目はありません。

### （4）ヘッダー・フッター

用紙の上にヘッダー、下にフッターを印刷することができます。日付を表示したり、複数枚の印刷となるときにはページ番号を入力したり、課題の内容や発表会のタイトルを入力したりできます。

下図は、［ノートと配布資料］タブでの設定です。配布資料形式で印刷するとき、用紙の上部に日付や用紙のページ数、課題名を表示する設定です。

［スライド］タブに切り替えると、スライド 1 枚 1 枚の中に日付を刻印して印刷することができます。

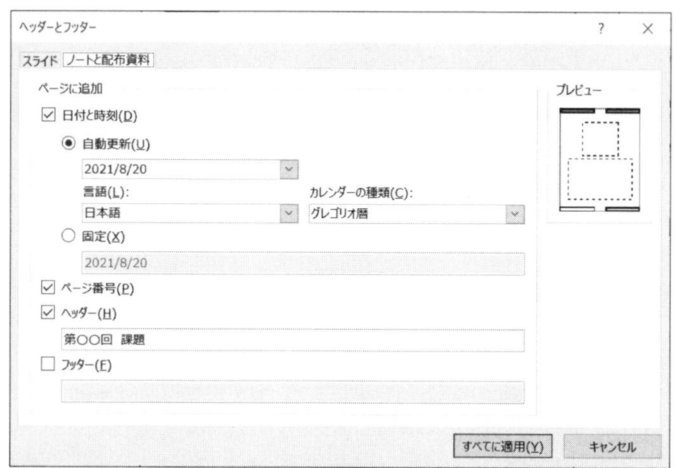


### （5）カラー印刷

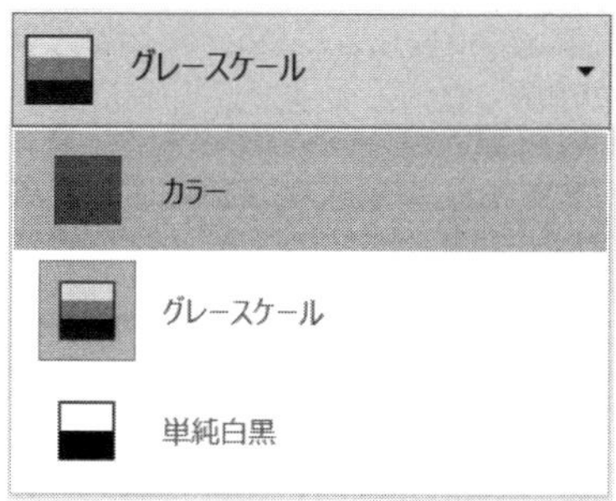


スライドは色彩豊かにカラーで作成していることでしょう。カラープリンターを利用しているとき、一番下にある色の設定は［カラー］を選択して印刷しましょう。白黒プリンターを利用しているとき、［カラー］を選択すると、濃淡での表現になります。

プリンターによって、［カラー］［グレースケール］［白黒］それぞれの印刷結果が異なります。プレビューで違いを見比べたうえで印刷し、どの設定にすれば文字や図がきれいに表現できるのか、印刷した結果を確認してみましょう。

＝＝＝ 練習問題 ＝＝＝

（1）「自己紹介」「学校紹介」「サークル紹介」「最近見た映画の紹介」など身近なテーマで、紹介スライドを作ってみよう。文章は自分で作成するようにしますが、利用する画像はホームページからコピーを利用するとよいでしょう。その場合、利用したホームページの URL をコピーして、テキストボックスを利用して貼り付けておくようにしましょう。

（2）作ったスライドを使って発表会をしてみましょう。発表後、わかりやすかった点、わかりにくかった点を話し合ってみましょう。

（3）興味のあるテーマについて、インターネットで調査し、PowerPoint で発表資料を作成しよう。データがある場合、Excel で分析し、その結果の表やグラフを貼り付けてみましょう。貼り付けるとき、p.108～109 の Word での操作同様、「図」として貼り付けましょう。

# 第12章　ファイルの管理

ワープロで作成した文書などはファイルとして残していきます。新しく書類を作成するために、以前作成した文書ファイルや、資料のファイルを開きながら作業することもあるでしょう。そこで以前使ったファイルをすぐに取り出せなければ、仕事に支障が出ます。

家庭で利用するパソコンでも、長く使っていると、ファイルが増えてきて、煩雑な状態になります。ファイルの管理をしっかりとしていきましょう。

## 1．ファイル管理の基本事項

### （1）エクスプローラーの起動

ファイルを一覧するソフトウェアを「エクスプローラー」といいます。次のいずれかで起動しよう。

- **スタートメニューでの検索**：［スタート］ボタン をクリックするか、［Windows］キーを押し、日本語入力を ON にした状態で「エクスプローラー」と入力すると、検索結果が表示され、下のように表示されます。［Enter］キーで起動します。クイックアクセスが表示されます。

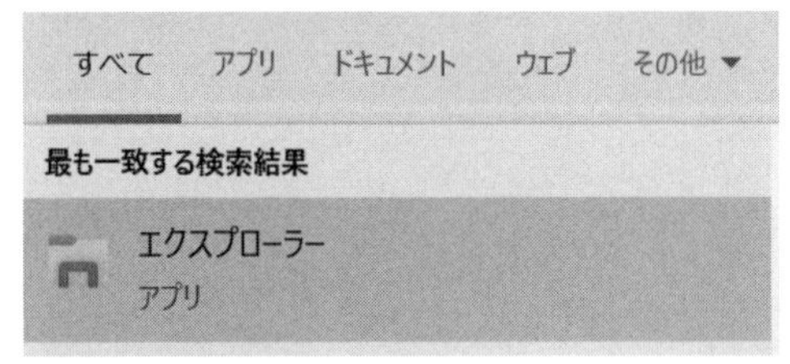


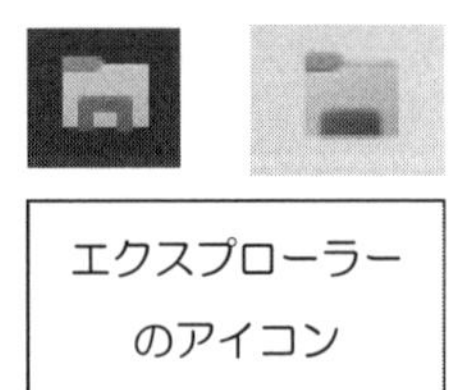

エクスプローラーのアイコン

- **すべてのアプリから探す**：Windows10 では、スタートメニューにすべてのアプリケーションが一覧になっています。スクロールして、［Windows システムツール］をクリックすると、その中に［エクスプローラー］があるので、クリックして起動します。
  Windows11 では、スタートメニューの［すべてのアプリ］をクリックして、一覧の中に［エクスプローラー］があるので、クリックして起動します。

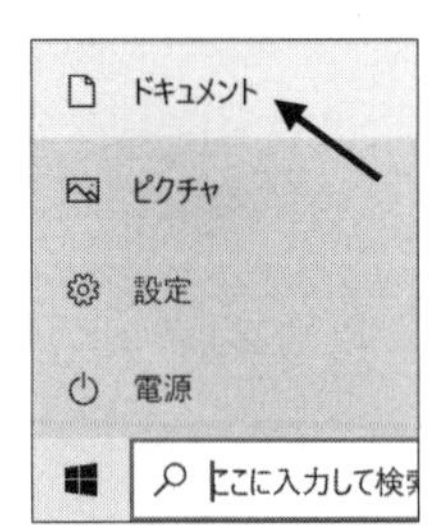


- **「ドキュメント」フォルダーの表示**：Windows10 では、スタートメニューの左端の並びにあるアイコンのうち、［ドキュメント］をクリックすると、エクスプローラーが起動し、ドキュメントフォルダーが表示されます。ドキュメントフォルダーを利用していなくても、起動のためにこれを用いてもよいでしょう。

**■　クイックアクセス　■**

エクスプローラーの起動直後は、クイックアクセスの表示になります。

上には「よく使用するフォルダー」の一覧、下には「最近使用したファイル」の一覧が表示されています。継続した作業をするときには、すぐにファイルを利用することができます。

この例では USB メモリーは「USB ドライブ（D:)」として表示されています。左の欄にも表示されていますが、［PC］をクリックすると、ドライブ一覧の表示になります。

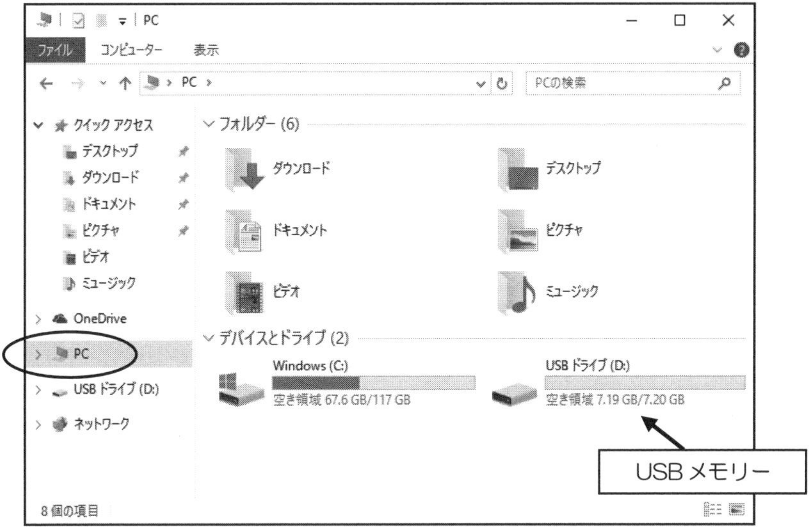


### ■　OneDrive の表示に注意　■

エクスプローラーの標準的な表示では、Microsoft365 の契約をしていても、そこで利用できる OneDrive は表示されません。特別な表示の設定が必要となります。OneDrive の利用は Web 上で利用するとよいでしょう（p.24）。

上記のように何も書いていない「OneDrive」または下図のような「OneDrive - Personal」は、組織が契約している Microsoft365 とは関係なく、個人的に作成した Microsoft アカウントの OneDrive です。

筆者の所属する大学で契約している Microsoft365 では、「OneDrive - 学校法人國學院大學」というように表示されるようになっています。読者の方々が所属先で利用できる Microsoft365 がある場合、その表示状態を確認しておきましょう。

OneDrive - Personal

OneDrive - 学校法人國學院大學

### （2）ドライブの種類

コンピューターで利用できるHDD（ハードディスクドライブ）やSSD（ソリッドステートドライブ）、CD（コンパクトディスク）などの保存場所のことをドライブといい、アルファベットで区別されています。メディアの種類は多種多様であり、新しい種類のものが次々に開発され、利用されています。一般的によく用いられているメディアの種類を理解しておきましょう。

**■　ファイルの性質と保存メディア（媒体）　■**

写真や動画のファイルは概してサイズの大きいファイルです。それらは思い出として残しておきたいものも多いことでしょう。CD、DVD、Blu-rayディスクなどの保存媒体を使うものは、変更ができないので、長期保存に適しています。

再利用して変更を加える可能性のあるWordやExcelのファイルは、変更のできないCDなどに保存して利用するのではなく、HDDやSSD、USBメモリーなどに保存して利用することになります。

**■　メディアのフォーマット　■**

ドライブで使われるメディアは、初めて使うとき、フォーマットという作業をしないと使えません。フォーマットとは、メディアの中を区分けすることによって、どこにどのファイルが入っているかを管理できるようにするための作業です。USBメモリーなどは販売されているときに「フォーマット済み」の状態となっているため、各自でフォーマット作業を行う必要はありません。

入っているデータをすべて消したい場合など、フォーマットすることがあります。フォーマットすると、メディアの中に保存してあるデータがすべて消えてしまいます。作業する前に消してもいい内容かどうか、よく確認しましょう。

次のようにすると、フォーマットができます。

① ドライブ一覧表示において、フォーマットするドライブを右クリックして、［フォーマット］をクリックします。

② 右の図のように、設定する項目がありますが、わからなければ自動的に設定されているままで［開始］ボタンをクリックします。

③ 下図のフォーマット前の最終確認が現れます。［OK］ボタンをクリックすればフォーマットが開始されます。フォーマットには数分かかることがあります。

④ 終了したら、［閉じる］ボタンをクリックします。

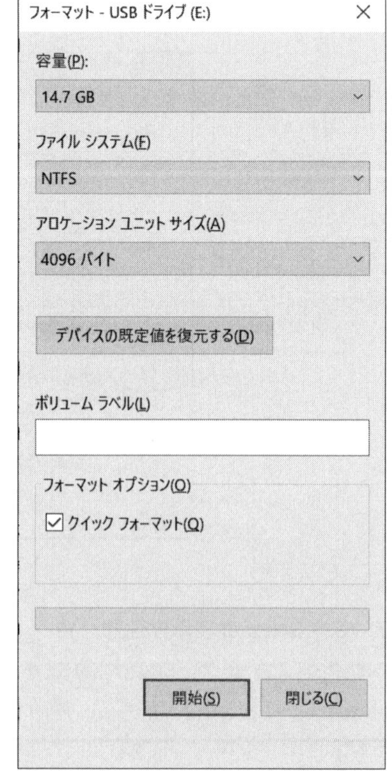


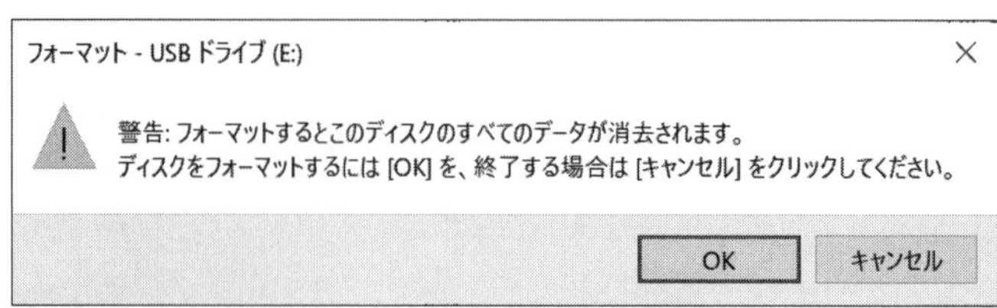

### （3）メディアの空き領域

ドライブ一覧にはコンピューター本体のハードディスクや USB メモリーが表示されます。

それぞれのドライブのメディアには保存できる量の限界があります。使用しているメディアはどれくらい使えるものなのか、確認してみましょう。

読み書き可能なドライブでは、エクスプローラーの一覧状態に「空き領域／全領域」の数値が表示されます。

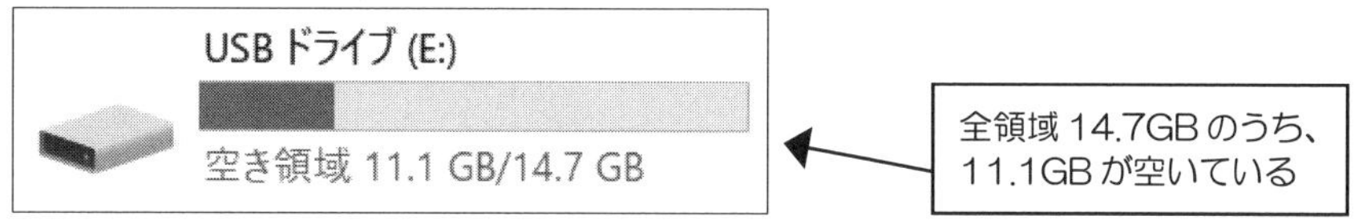


空き領域の詳細を見るときには、見たいドライブのところで右クリックして、［プロパティ］をクリックします。すると、右図が出てきます。使用している領域と空き領域を確認することができます。確認したら［キャンセル］ボタンで閉じておきましょう。

#### ■　バイト（byte, B）　■

2 進数の 1 桁のことをビット（bit）といい、1 ビットは $2^1=2$ 通りの状態を表すことができます。2 進数の 8 桁をひとまとめにして 1 バイトといい、$2^8=256$ 通りの状態を表すことができます。

半角の文字（英数字）は 1 バイトで表現できますが、全角の漢字などは 2 バイト以上を使って表現されます。

#### ■　補助単位　■

長さを表すメートル（m）において、1000 m＝1 km と表します。km の k（キロ）は 1,000 を意味し、これを補助単位といいます。

情報の分野では、KB（ 1 キロバイト＝1,000 バイト）、MB（ 1 メガバイト＝1,000 キロバイト）、GB（ 1 ギガバイト＝1,000 メガバイト）、TB（ 1 テラバイト＝1,000 ギガバイト）などのように補助単位が用いられます。それぞれ 1,000 倍ずつ増えていきます。

情報の分野で扱われる補助単位の区切りは、正確には 1,000 ではなく、$2^{10}=1024$ となりますが、実際に利用しているときには、その違いを感じることはほとんどないでしょう。

## （4）ファイルの一覧表示

ファイルの一覧表示を変えてみましょう。次のような表示にすることができます。それぞれの違いを確認してみましょう。Windows10 では［表示］タブをクリックすると選択肢が表示されます。Windows11 では［表示］ボタンをクリックすると、メニューとなって選択できます。

- **小アイコン～特大アイコン**：内容がそれぞれの大きさで表示されます。大きなアイコンは写真を見るときには便利です。小アイコンでは内容を見ることはできません。
- **一覧**：ファイル名の一覧のみが表示されます。
- **詳細**：名前、更新日時、サイズなどが確認できます。「名前」や「更新日時」といった項目名をクリックすると、並べ替えることができるため、目的のファイルを探しやすくなります。
  「名前」の左にあるチェックはクリックすると、すべてのファイルが選択されます。

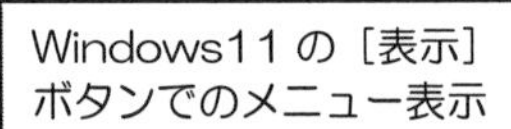


- **並べて表示**：内容が小さく表示され、ファイルサイズなどが確認できます。
- **コンテンツ**：写真などの場合、大きさが表示され、「詳細」よりも詳しい情報が表示されるようになります。

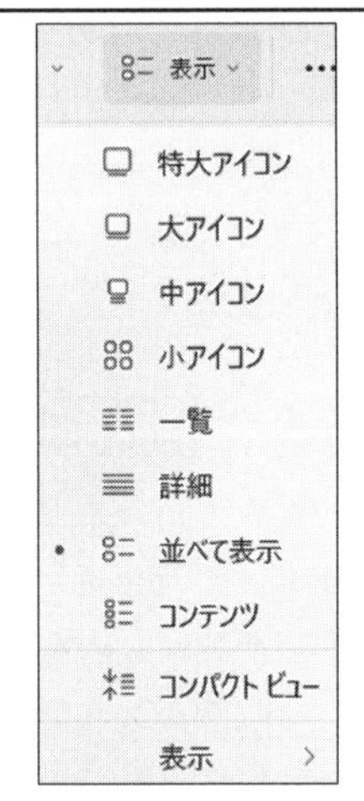


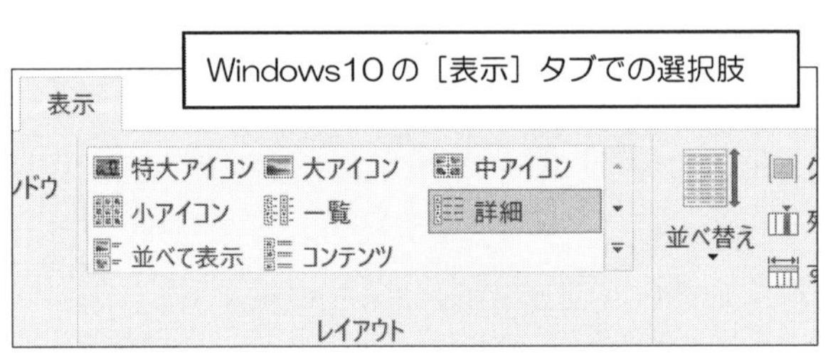


## （5）ファイルの検索

ファイルがたくさんあるとき、一覧が見えても探すのが困難な場合があります。そのときには検索してみましょう。

探したいフォルダーを表示している状態で、右上の「検索」欄にキーワードを入力します。結果が下に表示されます。下図の例では USB メモリーを探すドライブにして、「人口」と入力した図です。検索の結果、「第８章人口の推移」というファイルが見つかったことを示しています。

■　コンピューター全体から検索　■

コンピューター全体からファイルを検索できます。ソフトウェアの検索と同じ方法です。スタートメニューを出した状態で、ファイル名の一部を入力します。すると、検索欄に文字が入力され、検索が行われます。この機能は、組織で利用する共用のコンピューターではうまく働かないことがあります。

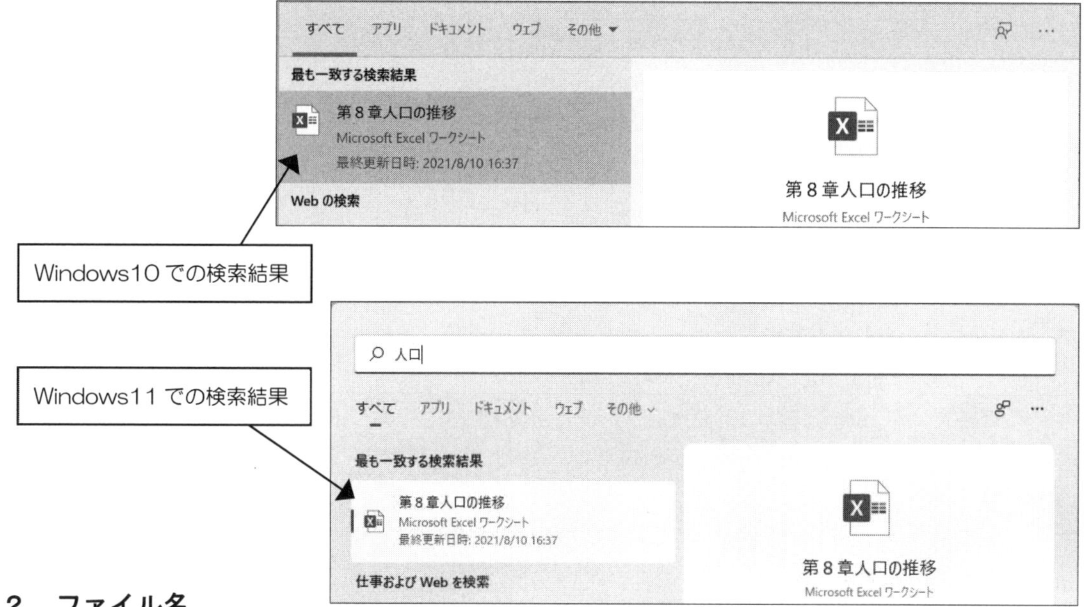


## 2．ファイル名

### （1）拡張子

ファイル名のあとにドット（ピリオド）「.」をはさんで拡張子という英数字 3～4 文字程度の文字列が付いています。この拡張子によってソフトウェアと関連付けられています。

拡張子を変更するとソフトウェアとの関連付けがなくなるため、通常は表示せずに変更できないようにしておくとよいでしょう。

次の図の操作でファイルの拡張子を表示することができます。

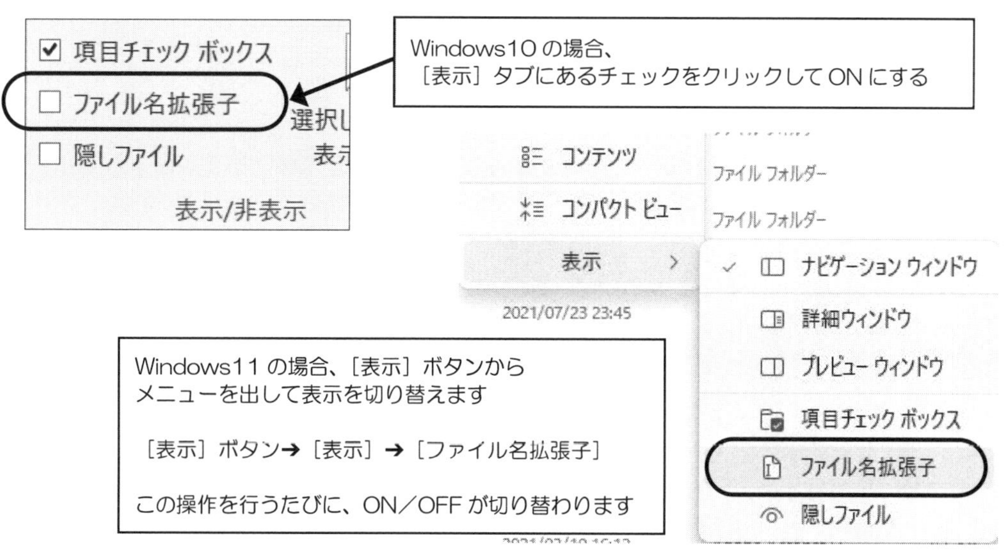

代表的なファイルの拡張子には次のようなものがあります。

| 拡張子 | ファイルの種類 |
|---|---|
| **docx** | Microsoft Word ファイル |
| **doc** | Microsoft Word 97-2003 ファイル（Word の以前の形式） |
| **xlsx** | Microsoft Excel ファイル |
| **xls** | Microsoft Excel 97-2003 ファイル（Excel の以前の形式） |
| **pptx** | Microsoft PowerPoint ファイル |
| **ppt** | Microsoft PowerPoint 97-2003 ファイル（PowerPoint の以前の形式） |
| **pdf** | PDF ファイル（Acrobat Reader などで閲覧） |
| **txt** | テキストファイル（メモ帳などで利用） |
| **jpg** | JPEG 形式画像ファイル（デジカメの写真ファイル） |

### ■　Word などの以前の形式のファイル　■

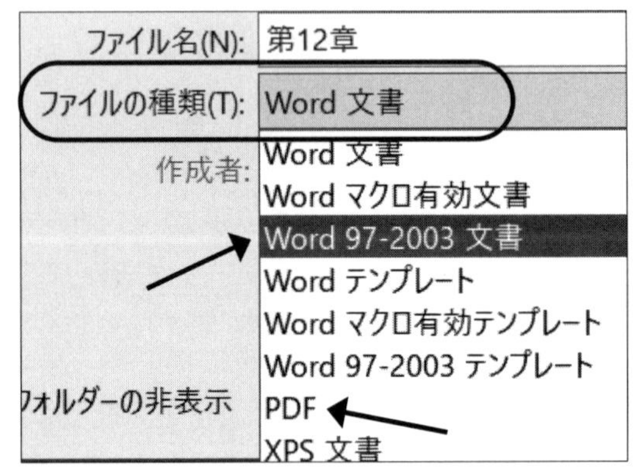


現在の Word は拡張子が「docx」です。通常はこの形式で保存していることでしょう。

Word2003 以前は、拡張子が「doc」の形式でした。いまでもこの形式が使われることがまれにあります。その場合、保存の画面において、「ファイルの種類」を「Word97-2003 文書」に変更すると、拡張子が「doc」となって保存できます。

古い形式での保存なので、新しく追加された機能を用いていると、「互換性のチェック」の確認が出る場合があります。内容を確認しておき、保存したファイルを開いてどのように保存されたのか、確認するようにしましょう。

Excel や PowerPoint においても、同様に保存形式によって違いがあります。

拡張子だけでなく、ファイルのアイコンも若干異なります（Word では W の周りの色が異なります)。

「docx」形式
ファイルアイコン

「doc」形式
ファイルアイコン

### ■　PDF ファイルの作成　■

閲覧用のファイルとして、PDF ファイルがよく利用されます。PDF ファイルは Adobe Reader やブラウザーで閲覧できるため、利用者のソフトウェア環境による制限が少なく、ファイルを配布するときによく用いられています。

たとえば、次のようにすれば Word を用いて PDF ファイルを作成することができます。

① ［ファイル］タブ➔［名前を付けて保存］➔［参照］をクリックします。

② 保存の画面において、下方の「ファイルの種類」を「PDF」に変更します（上図を参照)。

③ 最適化の選択肢は、通常は「標準」のままにします。「最小サイズ」にすると図が粗くなりますが、ファイルサイズを小さくすることができます。

④ 保存場所およびファイル名を確認し、［保存］ボタンをクリックします。

### （2）ファイル名の変更

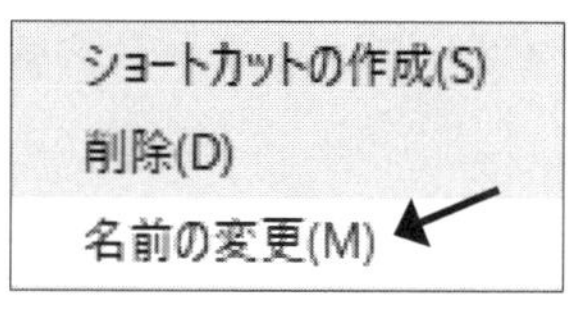


ファイルの名前を変えるとき、名前を変えるファイル上で右クリックし、［名前の変更］をクリックすると、ファイル名の箇所が入力可能状態になります。日本語入力の状態を確認してファイル名を入力後、［Enter］キーを押して確定します。

ファイルをクリックした後、［F2］キーを押すと、ファイル名の部分が編集できる状態になります（機種によっては、［Fn］＋［F2］の場合があります）。

変更途中で入力ミスなどをした場合には、［Enter］キーで変更を確定する前であれば、［Esc］キーを押して、元のファイル名の状態に戻すことができます。

■　注意　■

ファイルを開いている状態では変更を入力しても正しく適用されません。ファイルは閉じた状態で変更します。

拡張子を変更してはいけません。ファイルとソフトウェアの関連性がなくなってしまいます。拡張子が表示されていない状態でファイル名の変更を行いましょう。

## 3．フォルダーの階層構造

フォルダーは「箱」のようなものであり、ファイルをその中に移動して格納することにより、分類できます。フォルダーの中にフォルダーを作る、ということもできるので、1 つのドライブの中で階層構造を作り、分類することができます。

自分にあった分類方法を工夫しましょう。

たとえば、家族で 1 台のパソコンを共有している場合、各人の名前を付けたフォルダーを作成して各人のファイルを分類することでしょう。学校の課題を作成したファイルは、曜日別に分類する、授業科目別に分類する、などが考えられます。

ここでは授業科目別に分類することにしましょう。USB メモリーを練習場所として、フォルダーを作成してみます。

### （1）フォルダーの作成

作成するドライブの選択をして、フォルダーを作成する操作になります。次のようにします。

① 　フォルダーを作成する場所（ドライブ、または既に作成しているフォルダー）を指定します。

② 　右側のファイル一覧のところで右クリックして、［新規作成］➔［フォルダー］をクリックします。
あるいは、［ホーム］タブの［新しいフォルダー］ボタンをクリックします。

③ 　「新しいフォルダー」が現れるので、フォルダー名を入力します。

④ 　［Enter］キーを押せばフォルダー名が確定します。

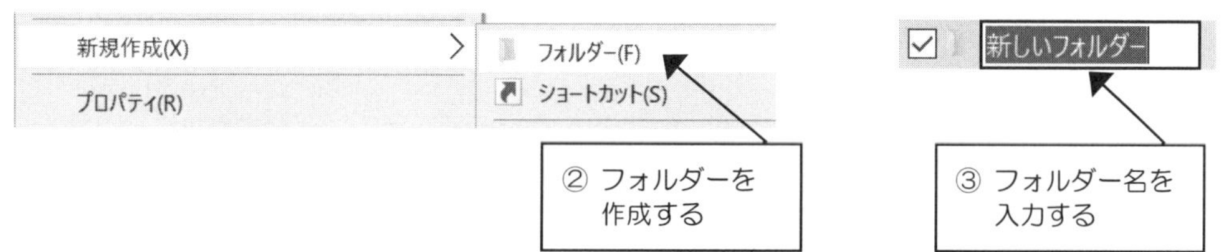

### （2）フォルダー名の変更

利用していくなかでフォルダー名を変更したいと思うことがあるでしょう。フォルダー名は随時変更できます。変更方法は「2．（2）ファイル名の変更」(p.133) とまったく同じです。

［F2］キー（あるいは、［Fn］＋［F2］）が使えるようになると簡単に変更できます。

### （3）フォルダーの表示

左側に作成したドライブやフォルダーが表示されています。クリックすると、右側にその内容が表示されます。

下図では、USB メモリー「USB ドライブ(E:)」の中に「活用入門」と「基礎演習」という 2 つのフォルダーがあり、「活用入門」フォルダーの中に、「授業課題」および「宿題」という 2 つのフォルダーがあることを示しています。

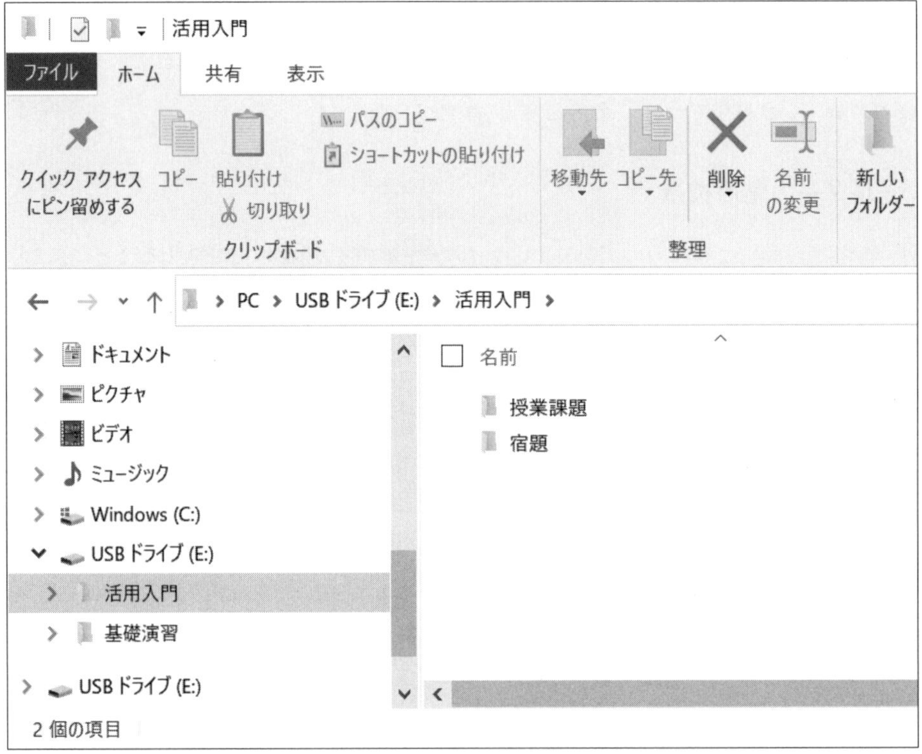


［> PC > USB ドライブ (E:) > 活用入門 >］と表示されているところをクリックすると、［E:¥活用入門］という表示になります。この例では USB メモリーは「E :」ドライブに割り当てられています。その中に「活用入門」フォルダーがあることを示すため、「¥」でつないで表現しています。

「授業課題」フォルダーを開いて、同様に表示部分をクリックし、「E:¥活用入門¥授業課題」のように「¥」でつながれていることを確認しましょう。

◆◇◆　**練習**　◆◇◆　これまでに作成してきたファイルを分類するために、授業科目名のフォルダーを作成し、その中に「資料」「レポート」「宿題」などのフォルダーを作成してみましょう。

### ■ ソフトウェアによって管理されるフォルダーやファイル ■

ソフトウェアによってはフォルダー名に特定の名称を利用し、ソフトウェアで利用するファイルを管理しているものがあります。そのようなフォルダーの中にあるファイルを、自分で作成したフォルダーへ移動すると、ソフトウェアが動作しなくなることがあります。

これまでに利用したことのない種類のソフトウェアを利用する場合、ファイルの保存場所や管理方法に特殊な記述がないかどうか、調べておきましょう。「ドキュメント」フォルダーの中にそのようなフォルダーが作成されることが多いので、作成した覚えのないフォルダーがある場合、調べてみましょう。

## 4．コピー・移動

バックアップをとるということはファイルやフォルダーをコピーすることになります。ファイルやフォルダーを分類し、整理するときには、ファイルやフォルダーを移動することになります。簡単な操作ですが、非常に重要な操作です。

以下ではファイル単位でのコピーや移動の操作を示していますが、フォルダーとその中にあるファイルすべてをコピーまたは移動するときも同様の操作です。

操作ミスでファイルのコピーや移動に失敗したときにも「元に戻す」（[Ctrl] ＋ [Z]）が使えます。

### （1）コピー

コピーすると同じファイルが別々の場所に 2 つ存在することになります。管理方法に注意しましょう。

ドライブが異なるときはファイルをドラッグするだけでコピーされます。マウスでのドラッグ操作がうまくできない場合には、ワープロ同様のコピー（[Ctrl] ＋ [C]）と貼り付け（[Ctrl] ＋ [V]）の操作（p.37）でもコピーできます。

同じドライブ内にある別のフォルダーへドラッグすると、移動になります。[Ctrl] キーを押しながらドラッグすれば、コピーの操作になり、コピー元にファイルが残り、宛先にコピーが作成されます。

### ■ 2 つのウィンドウを利用 ■

コピーや移動の操作を行うとき、もう 1 つエクスプローラーを起動して、2 つのウィンドウで作業すると効率的です。下の例は、左の「ドキュメント」フォルダーにあるファイルを、右の USB メモリーの「バックアップ」フォルダーへコピーする様子です。

コピー元のフォルダーにあるファイルを、宛先のどのフォルダーにコピーするのか、という関係をしっかりと考え、把握した状態で、操作を行いましょう。

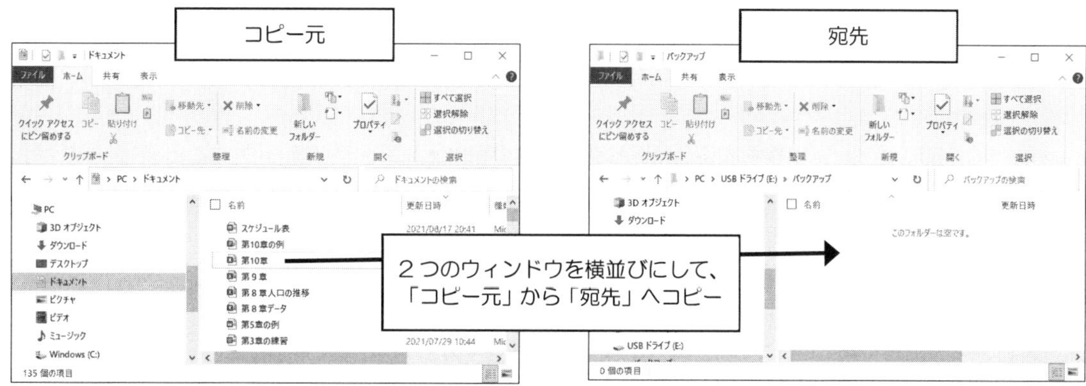

## （2）バックアップ

ファイルを保存するハードディスクやUSBメモリーなどの装置は、長らく使っていると故障しやすくなり、データが読めなくなることがあります。自分で所有しているコンピューターだけでなく、どんなにお金をかけたシステムであっても故障は避けられません。普段から自衛策として、バックアップ（ファイルのコピー）をとるようにしましょう。

普段からファイルを保存しているドライブの内容を別のドライブへバックアップをとるようにします。普段使っているドライブ（たとえば、ドキュメントフォルダー）を常に使うようにし、そのドライブが壊れてしまったときにだけ、バックアップ（たとえば、USBメモリー）を使います。

コンピューター内にあるハードディスクからUSBメモリーへバックアップをとる場合、ドライブが異なるので、ファイルあるいはフォルダーをドラッグするだけでコピーの操作となります。

## （3）ファイルの上書き確認

コピーや移動を行ったとき、右のようなメッセージが出ることがあります。コピー元と宛先の両方に、同じ名前のファイルがあることを知らせています。

古いファイルを新しいファイルに置き換えるときは、［ファイルを置き換える］をクリックします。

わからない場合には［Esc］キーでコピーの操作をキャンセルするか、［ファイルの情報を比較する］をクリックして比較をします。

この図の例では、コピー元（左の現在の場所）の日付が古く、宛先のファイルのほうが新しいので、続行してはいけません。［キャンセル］をクリックすることになります。

たとえば、バックアップをとったUSBメモリーのファイルを開いて作業をしてしまったときに、このような事例が生じることがあります。

どのフォルダーのファイルを開いて作業しているのか、同じファイル名のファイルはどれが最新の状態になっているのか、常に意識しておくことが大切です。

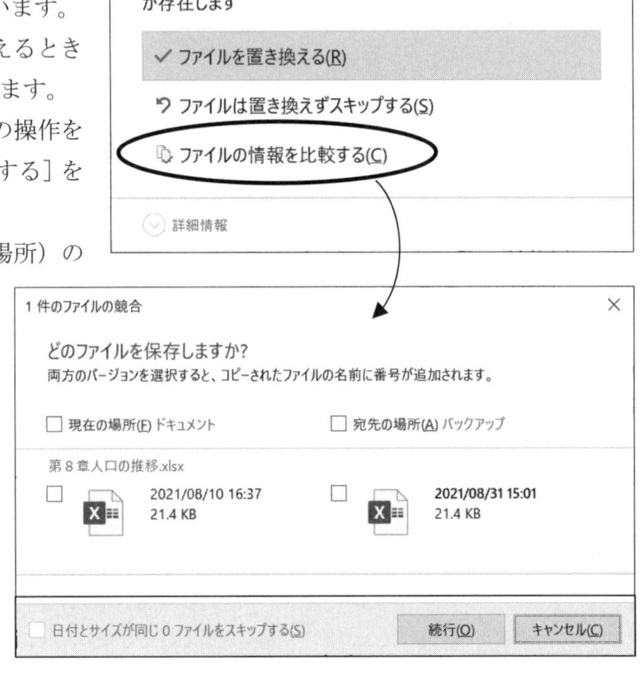


## （4）移動

コピーと同様のドラッグ操作ですが、同じドライブ内の別フォルダーへドラッグすると、移動になり、元の場所からファイルはなくなります。

同じドライブの中でフォルダーへファイルを移動させて分類を行う際にも、前ページのように2つのウィンドウを開いて作業を行うと作業がはかどります。

異なるドライブへドラッグすると通常はコピー元にファイルが残るコピーになりますが、コピー元からは削除して移動させたいときには、［Shift］キーを押しながらドラッグします。

### （5）複数のファイルの選択

移動やコピーするファイルが多いとき、1 つ 1 つ行うと時間がかかります。そこで、複数のファイルを選択して同時にコピーや移動をするといいでしょう。

複数のファイルを選択するとき、［Shift］キーまたは［Ctrl］キーを押しながらファイルをクリックします。それぞれ次のような違いがあります。

- **連続して並んでいるファイルを一度に選択**：1 つ目のファイルをクリックし、次に［Shift］キーを押したまま離れたところにあるファイルをクリックすると、その間のファイルもすべて選択されます。

  ［Shift］キーを押したままキーボードの［↓］あるいは［↑］の矢印キーを押しても次々と連続して選択することができます。キーボードでの選択操作はミスが少なく、確実に選択できます。
- **離れているファイルを個別に選択**：1 つ目のファイルをクリックした後、［Ctrl］キーを押したまま 2 つ目以降のファイルをクリックしていくと、離れた場所のファイルを個別に選択することができます。

**■　マウスがずれるとファイルの複製ができてしまう　■**

（5）の［Ctrl］キーを押したままファイルをクリックしていくときに、マウスがずれてドラッグしたようになってしまうと、選択したファイルのコピーができてしまいます。コピーができてしまった場合には、［Ctrl］＋［Z］で元に戻しましょう。

ドラッグしたような操作になったときには、マウスのそばに「＋ ○○○ へコピー」と表示されます。この表示が出たときには、［Ctrl］キーを離しましょう。この表示が消えてコピーされることはありません。引き続き、［Ctrl］キーを押して慎重に選択の操作を行いましょう。

**◆◇◆　練習　◆◇◆**　これまでの学習で作成したファイルを、p.133～134 で作成したフォルダーへ移動し、分類しましょう。

分類が終わったら、フォルダーを USB メモリーなどへコピーの操作を行い、バックアップをとっておきましょう。

## 5．ファイルの圧縮・展開

ファイルの圧縮を利用すれば、複数のファイルを 1 つにまとめることができます。メールで複数のファイルを送るときなどに 1 つにまとめて送れるので便利です。また、ファイルのサイズもわずかではありますが、小さくすることができます。

ファイルだけでなく、フォルダーごと圧縮することもできます。フォルダーの中にフォルダーがあるような階層的に構造になっている場合、その構造も保持されます。

Windows には標準で圧縮機能がありますので、それを利用して解説します。別の圧縮ソフトが導入されている場合には、ここで紹介する操作方法とは異なる場合があります。

## （1）圧縮の操作

① 圧縮するファイルやフォルダーを選択します。[Shift] キーや [Ctrl] キーを利用して、複数のファイルを選択します（前ページの選択方法参照）。

② Windows10 では、選択したファイルのところで右クリックし、[送る] ➔ [圧縮（zip 形式）フォルダー] をクリックします。

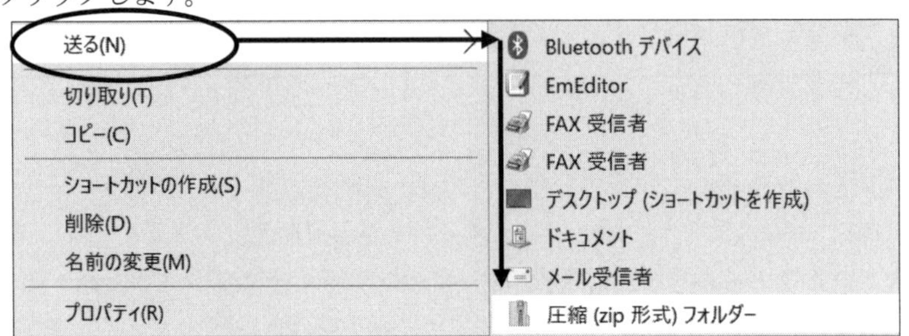


Windows11 では、右クリックして [ZIP ファイルに圧縮する] をクリックします。

すると、現在のフォルダーに、圧縮フォルダー（ジッパーが付いたフォルダーアイコン）が作成されます。

③ 名前は選択したファイルの 1 つが割り当てられてしまいます。多くの場合は不適切なものなので、適切なものを入力しましょう。

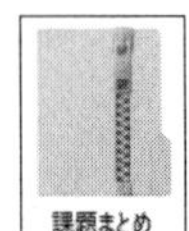


名前は作成されたらすぐに入力するようにしましょう。確定した後で変更する場合、「2．（2）ファイル名の変更」を参照して [F2] キー（あるいは、[Fn] ＋ [F2]）を利用して、名前を適切なものに変更します。拡張子「**.zip**」が見えている場合、拡張子は変更してはいけません。

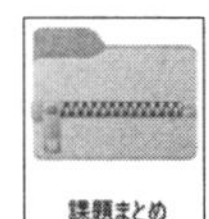


右図は、圧縮フォルダーに「課題まとめ」という名前を付けたものです。

## （2）圧縮フォルダーからのファイルの取り出し

圧縮されて 1 つのファイルとなりますが、フォルダーのように中にファイルが入っているように扱えるために「圧縮フォルダー」や「zip フォルダー」とよばれます。ダブルクリックすれば Word のファイルなどであれば、開くことができます。読み取り専用で開きますので、編集しないようにしましょう。

圧縮フォルダーからファイルを取り出して利用する場合、「4．（1）コピー」と同様に、別なドライブやフォルダーへコピーすれば利用可能です。

**■　圧縮フォルダーの展開　■**

1 つ 1 つのファイルを取り出すのではなく、すべてのファイルを元の状態に戻すことを展開といいます。

圧縮フォルダーを右クリックして [すべて展開] をクリックして、[参照] ボタンでファイルを収めるドライブやフォルダーを指定すれば、そのフォルダーへファイルが展開されます。

## （3）圧縮フォルダーへのファイルの追加

一度作成した圧縮フォルダーに、ファイルを付け加えることができます。圧縮フォルダーを 1 つのフォルダーと考えて、「4．（1）コピー」と同様に、ファイルをコピーする操作を行えば、ファイルを追加することができます。

## 6．ファイルの削除

削除の操作は非常に簡単であるために、不用意にファイルやフォルダーを削除してしまう失敗がよくあります。削除してもよいものかどうかしっかりと確認してから操作しましょう。

### （1）完全に削除

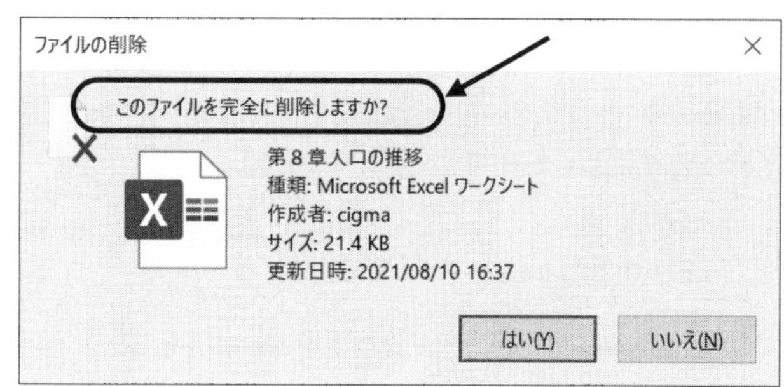


① 削除するファイルやフォルダーをクリックし、選択します。
② ［Delete］キーを押します。
③ ［はい］ボタンをクリックすると、ファイルは完全に削除されます。

**■　復元できません　■**

上記のメッセージが出たときには、次の「ごみ箱」には入らず、［Ctrl］＋［Z］で元に戻すこともできません。

### （2）ごみ箱の活用

［Delete］キーを押したとき、メッセージが表示されなかったら、ファイルは一旦「ごみ箱」に入ります。ごみ箱はデスクトップにあります。

ごみ箱の中に入っているものは、取り出して移動させることで、再び利用することができます。

ごみ箱を右クリックして［ごみ箱を空にする］をクリックすると、入っているものが完全に削除されます。削除の前に一旦開いて、入っているものを確認してから操作するようにしましょう。

### （3）削除をしない使い方

記憶メディアは大きさや形が変わることなく、その保存容量は年々増えています。空き容量を確保するために Word のファイルなどを削除するという必要性は少なくなっています。作成したレポート課題など、完全に削除することなく、消さずに残しておいてはどうでしょうか。練習で作成したものであっても、将来、何かの参考となるときがくるかもしれません。

そのためには、ファイル名をわかりやすく付けておく、フォルダーによる分類をしておく、不要なものを貯めておくごみ箱に相当するフォルダーを作成してまとめておく、などの工夫をしてみましょう。

**=== 練習問題 ===**

（1）利用しているソフトウェアで拡張子がどのように違うのか調べてみましょう。

（2）ファイル管理において注意すべき点をまとめてみましょう。

（3）HDD、SSD、USB メモリー、CD-ROM、CD-R、CD-RW、DVD 各種、Blu-ray ディスク、デジカメやスマートフォンで利用されているカード型メモリーなど、使っているコンピューターではどれが利用できるか、調べてみましょう。また、それぞれはどのようなときに利用されるのか、どのように使い分けたらよいのか、調べてみましょう。

# 付録A　画面のキャプチャー

画面そのものをイメージとしてコピーすることをキャプチャーやスクリーンショットといいます。Windowsの標準的な利用環境でできる方法を解説します。

本書で作成したファイルを開き、画面をキャプチャーしてPowerPointスライドへ貼り付けていけば、本書の内容をふりかえることができるでしょう。

## 1．［Print Screen］キーでのコピー

［Print Screen］キーは機種によっては［Prt Scn］などのように略して刻印されているものがあります。キーボードに［Fn］キーがあり、［Print Screen］キーが同じ色で刻印されていれば、［Fn］キーを押しながら［Print Screen］キーを押す（［Fn］＋［Print Screen］）ことになります。

- **画面全体のキャプチャー**：［Print Screen］キー（あるいは［Fn］＋［Print Screen］）を押すと、画面全体がイメージとしてコピーされます。
- **ウィンドウのキャプチャー**：キャプチャーしたいウィンドウをクリックしてから、［Alt］＋［Print Screen］をすると、1つのウィンドウのみがイメージとしてコピーされます。
  ［Fn］キーを使う場合、［Alt］＋［Fn］＋［Print Screen］となり、［Alt］キーと［Fn］キーを押しながら［Print Screen］キーを押します。

コピーされたイメージは「3．イメージの貼り付け」を行って貼り付けます。

## 2．Snipping Toolでのコピー

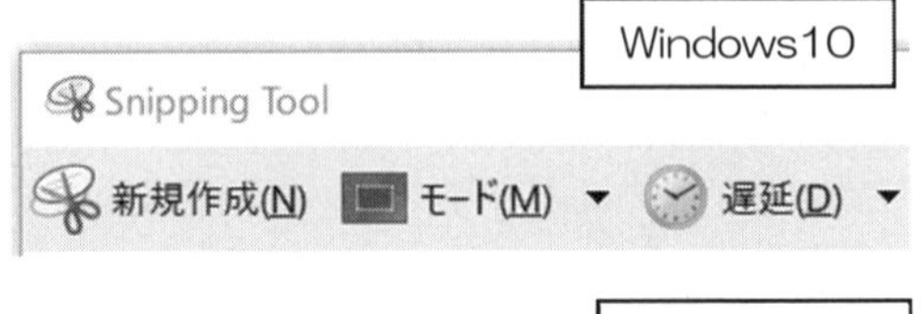


Windows付属ソフトのSnipping Toolを使ってみましょう。Windows11ではボタンのみになっていますが、Windows10と操作は同じです。

ここではWindows10の用語で説明します。

① キャプチャーしたい箇所が見える状態にしておきます。

② Snipping Toolを起動します（p.5）。

③ Snipping Toolの［新規作成］ボタンをクリックすると、画面全体の色が薄く（Windows11では暗く）なります。

④ キャプチャーする部分をドラッグして四角で囲みます。
囲むのに失敗したときには、再度［新規作成］ボタンをクリックして、囲み直しましょう。

⑤ キーボード操作［Ctrl］＋［C］を行い、取り込んだ画像をコピーします。

［モード］ボタンを使うと、四角い範囲だけでなく、自由な範囲のキャプチャー、1つだけのウィンドウや画面全体のキャプチャーができるように切り替えることができます。

［遅延］ボタンを使うと、キャプチャー開始に時間差を作れます。たとえば「遅延」の設定を「3秒」にして、［新規作成］ボタンをクリックしてから3秒の間にメニューの表示を行ってそのままキープします。3秒経ったとき、キャプチャーの操作が始まり、メニュー表示をキャプチャーすることができます。

## 3．イメージの貼り付け

### （1）貼り付け

［Print Screen］キーや Snipping Tool でキャプチャーしてコピーした後、Word や PowerPoint などに画像として貼り付けることができます。通常の貼り付けと同様に、［Ctrl］＋［V］（あるいは、［ホーム］タブ➔［貼り付け］ボタンをクリック）して貼り付けます。

Word に貼り付けた場合には、第 6 章を参照して、「文字列の折り返し」を行ってから、移動や大きさの調整などを行いましょう。PowerPoint での移動や大きさの調整は難しくはないでしょう。

**■　スライド画面への図の貼り付け時の注意　■**

真ん中に薄く表示されているボタンをクリックすると、それらの作成が始まってしまうため、貼り付け操作が行えません。クリックしてはいけません。

### （2）図のトリミング

図を大きめにコピーしたときなど、周りの不要な部分をカットしたいとき、トリミングという操作を行いましょう。ここでは PowerPoint での作業例で説明しますが、Word や Excel においても同様の操作です。

① 図をクリックして、「図の形式］タブに切り替えます。

② 右端の「サイズ」グループにある［トリミング］ボタンをクリックします。

③ 図の周りに、線状のハンドルが表示されます。ハンドルにマウスを合わせてマウスポインターが線状になっているときに内側にドラッグすると、不要な部分を削ることができます。この段階では、図は元のサイズの情報を保持しているので、削りすぎた場合、ハンドルで外側に広げれば復元できます。

④ トリミングした部分の情報を削除するため、［図の圧縮］ボタンをクリックします。

⑤ ［この画像だけに適用する］チェックがONになっていることを確認し、［OK］ボタンをクリックします。

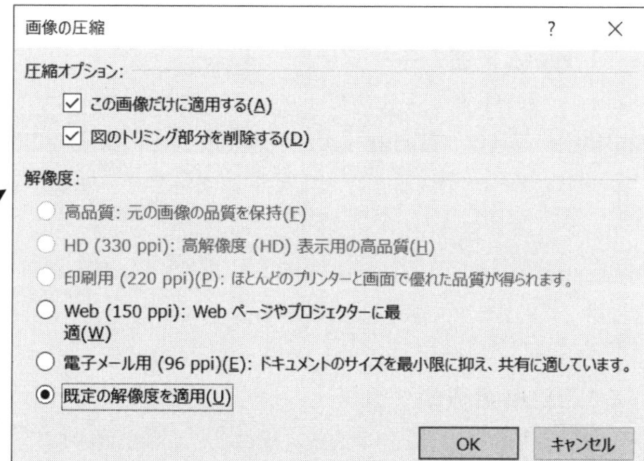


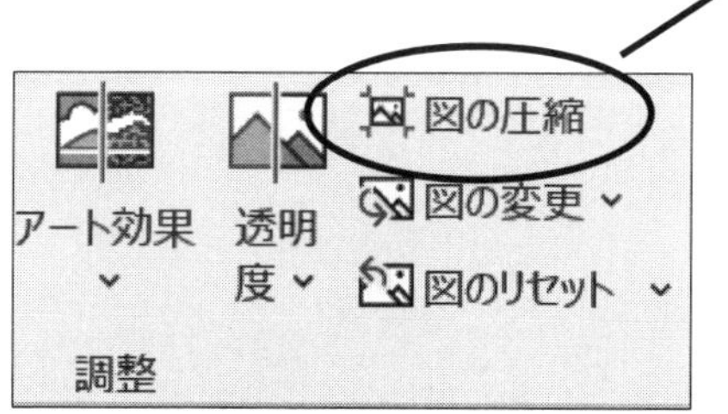


④と⑤の操作によって、トリミングした部分の情報を削除し、保存したときのファイルサイズを小さくすることができます。ただし、トリミングのハンドルを広げても図は元には戻りません。

## 4．練習（PowerPoint スライドの作成）

以上のコピーと貼り付けの方法を利用して、本書で作成したものを抜粋して画像でまとめてみましょう。文章での説明も書き加えていきましょう。

### （1）アウトラインの作成

たとえば、「コンピューター操作練習をふりかえって」などのようなタイトルを付け、2 枚目以降の見出しには、「インターネットの活用」、「Word でのチラシの作成」、「Excel での分析」、「フォルダー構造」などにしてみます。他に印象に残った内容があれば、追加しましょう。

### （2）スライドレイアウトの変更

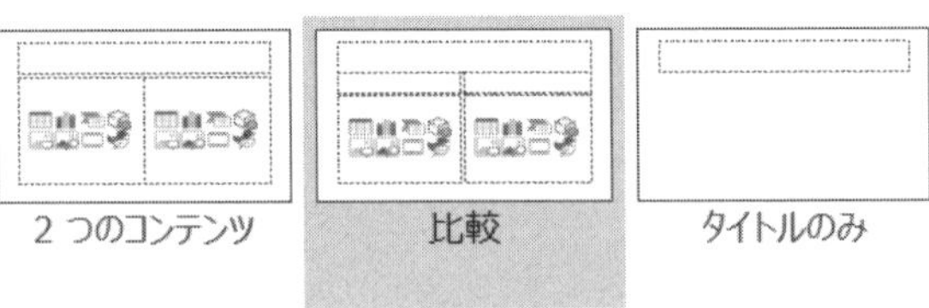


［ホーム］タブ➔［レイアウト］をクリックし、次のレイアウトを活用しましょう。

- ［2 つのコンテンツ］: たとえば、左に図、右にその解説を行うという使い方ができます。
- ［比較］: Excel の内容を貼り付けるとき、左に Excel の表、右にグラフを配置して、それぞれに見出しを付けることができます。
- ［タイトルのみ］: 下の空白部分に大きく画面のイメージを貼り付けることができます。文章はテキストボックスで付記するとよいでしょう。

### （3）ホームページ画面のキャプチャー

よく利用するホームページの画面をキャプチャーします。スライドは「2 つのコンテンツ」レイアウトにして、画面とその解説、というスライドにしてみましょう。

キャプチャーとは別に、通常のコピー操作でホームページアドレスをコピーして、解説とともに明記するようにしましょう。

### （4）Word 文書のキャプチャー

Word で入力した文字をコピーするのではなく、Word の画面そのものをコピーしてみましょう。Word の作業中の画面には改行記号などが表示されていますので、印刷プレビューの画面をキャプチャーするとよいでしょう。できるだけ大きく印刷プレビューを表示させ、全体が見えている状態で、画面キャプチャーを行います。

スライドを「タイトルのみ」レイアウトにして、貼り付けます。余分な部分もキャプチャーしている場合には、トリミングでカットしてから大きくしましょう。解説の文章はテキストボックスで入力します。

### （5）Excel の表やグラフ

Excel で作成した表とグラフを「比較」レイアウトを使って左右に並べて、1 枚のスライドにしてみましょう。

コピーと貼り付けは第 10 章（p.108〜109）の Word へ貼り付けた手順とほぼ同じです。右図はグラフを貼り付けるときに右クリックした表示です。「図」形式での貼り付けを行いましょう。

### （6）フォルダー構造のキャプチャー

エクスプローラーを使って、第12章でフォルダーを作成し、ファイルを整理した結果を見えている状態にします。そのウィンドウのキャプチャーを行います。操作は、［Print Screen］キーを利用して、［Alt］＋［Print Screen］、あるいは［Alt］＋［Fn］＋［Print Screen］を行います。

PowerPoint「タイトルのみ」レイアウトにして、貼り付けます。どのようにファイルを整理したのか、テキストボックスを用いて、解説を書いておくとよいでしょう。

## 5．その他のキャプチャー方法

画面をキャプチャーする方法は、他にもあります。使いやすいものを探してみましょう。

次のものは標準的に準備されているものです。他にもありますので、調べてみてもいいでしょう。

- **「切り取り＆スケッチ」**：Windows10 に付属している別のキャプチャーソフトです。Snipping Tool での操作が理解できれば、使いこなせるでしょう。Windows11 にはありません。
- **Word、Excel、PowerPoint の［スクリーンショット］ボタン**：［挿入］タブ➔［スクリーンショット］ボタンをクリックすると、利用しているソフトウェアの全体または一部をキャプチャーできます。取り込んだ画像はそのまま利用しているソフトウェアに貼り付けられます。

＝＝＝ 練習問題 ＝＝＝

（1）本書のように、操作を説明するときには画面のキャプチャーが必要になります。本書を学習していくなかで重要に感じた内容について、画面のキャプチャーをとり、Word で操作方法の解説とともにまとめてみよう。

Word に貼り付けた画像は、p.65「（7）文字列の折り返し」を「四角形」あるいは「前面」にして、自由に動かせるようにしましょう。

（2）自分が持っているコンピューターのソフトウェアを起動し、画面のキャプチャーを行い、PowerPoint または Word へ貼り付けを行い、どのようなソフトウェアなのか、説明してみよう。

# 付録B　スケジュール表の作成

Word を使って、スケジュール入り企画書を作ってみよう。文化祭などのステージイベントを想定して説明していきます。最低限必要な構成は次のとおりになります。

- ➢ タイトル（イベントのタイトル、提案する組織、氏名など）
- ➢ イベントの趣旨説明（文章）
- ➢ 当日のスケジュール（表）

タイトルや趣旨説明については、第 3 章および第 4 章を復習して作成できることでしょう。

ここでは、表の作成についての説明を行います。ここで作成するスケジュール表は、第 5 章の練習問題で作成したスケジュール表をさらに実用的なものへと発展させた表となります。

## 1．完成イメージの作成

まずは、手書きで完成形のスケジュール表を作成してみましょう。

どのような項目が必要なのか、どのような説明が必要なのか、時間を追ってどのような場面展開が必要なのかなど、企画する内容を十分に考えて、わかりやすいスケジュール表を作るようにしましょう。

次のようなスケジュール表を例にして作成してみましょう。

| 日程 | | ステージ | | | バックステージ |
|---|---|---|---|---|---|
| 9月1日 | 午前 | 10：00 | トークショー | 司会者とゲストによって今回のイベントの説明 | 次の出演者の準備 |
| | | 10：30 | | スペシャルゲストの登場 | 劇の準備 |
| | | 11：00 | お笑い劇場 | 演者Aグループ　上手から下手へ<br>演者Bグループ　下手から上手へ | |
| | | 12：00 | 昼休み | 12：45から午後の準備開始 | |
| | 午後 | 13：00 | 音楽イベント実施に向けて調整中 | | |
| | | 15：00 | | | |

## 2．表を作成するための分析

例のような表を作成するためにはどのようにすればいいでしょうか、方針を立ててみましょう。

### （1）列と行の数

全体を構成している表について、列の数は「6」列になります。さらに増える可能性もあるでしょうが、列を増やす操作は全体的なレイアウトが変わりますので、最初にしっかりと考えておきましょう。

行数は、時間の区切りを優先して考えてみると、項目の行、10:00、10:30、11:00、12:00、13:00、15:00 の「7」行になります。行数については簡単に増減できることは第 5 章で学びましたので、とりあえずこの数で進めてみましょう。

7 行×6 列の表を挿入して、表の操作を開始することになります。

### （2）必要な操作

次の操作が必要になります。第5章を復習しましょう。

- **セルの結合**:「9月1日」という左端のセルは上下にわたっています。「午前」「午後」も同様です。項目の「日程」「ステージ」についても、セルを結合しています。11時台と12時台のセルでもセルの結合をしています。
- **幅の調整**：適宜、縦の罫線を移動し、調整します。この表ではページ幅と同じ幅の表にすることを想定しています。表の右端および左端は動かさないようにし、「自動調整」も使いません。
- **罫線を「罫線なし」にする**：表は罫線のつながりによって、縦や横に整列させることができます。罫線の表示を消すことによって、セルの途中で横並びになっている内容をずれることなく配置させることができます。「10：30」の横並びが整列し、内容を増やしてもずれないようにします。完成した表の例ではここで行が分かれていることは気づきにくいことでしょう。
- **セルの分割**：もう1行セルを挿入したい、と考えたとき、セルを挿入するのではなく、セルの分割を考えます。「12：45から午後の準備開始」はセルを分割して行を増やしています。
- **表の中に表の挿入**：複雑なレイアウトになりますが、可能です。
- **テキストボックス**：見た目は表のように四角い枠ですが、表の罫線とは関係なく、自由に配置することができます。例では未定の部分について、表に重ねて書いています。

## 3．作成

### （1）表の挿入とセルの結合

最初に、7行×6列の表を挿入します。

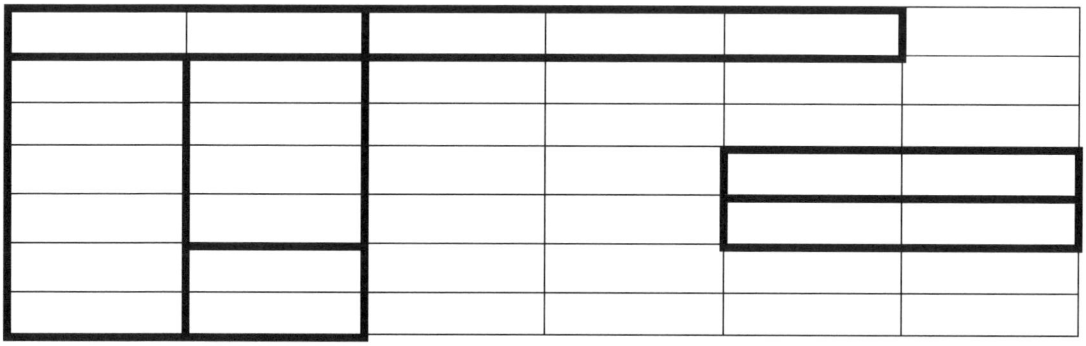

| | | | | | |
|---|---|---|---|---|---|
| | | | | | |
| | | | | | |
| | | | | | |
| | | | | | |
| | | | | | |
| | | | | | |

太枠で囲んだ範囲を選択して、「セルの結合」を行います。結合するセルを選択して、選択しているところで右クリックし、「セルの結合」をクリックします。

#### ■　同じ操作を繰り返す［Ctrl］＋［Y］　■

セルの結合の操作を繰り返して行うとき、2回目以降の操作のときに［Ctrl］＋［Y］を試してみましょう。セルを選択した後、［Ctrl］＋［Y］をすると、セルの結合が行われます。

直前の操作が繰り返されますので、間に別の操作をしないように、気をつけましょう。

同じ操作はまとまって行うようにすると、効率よく作業が進みます。

### （２）罫線を「罫線なし」にする

文字を入力し、文字飾りを行いました。さらに、内容の多少によって、縦の罫線を移動し、幅を調整しました。

| 日程 | | ステージ | | | バックステージ |
|---|---|---|---|---|---|
| ９月１日 | 午前 | 10：00 | トークショー | 司会者とゲストによって今回のイベントの説明 | 次の出演者の準備 |
| | | 10：30 | | スペシャルゲストの登場 | 劇の準備 |
| | | 11：00 | お笑い劇場 | | |
| | | 12：00 | 昼休み | | |
| | 午後 | 13：00 | | | |
| | | 15：00 | | | |

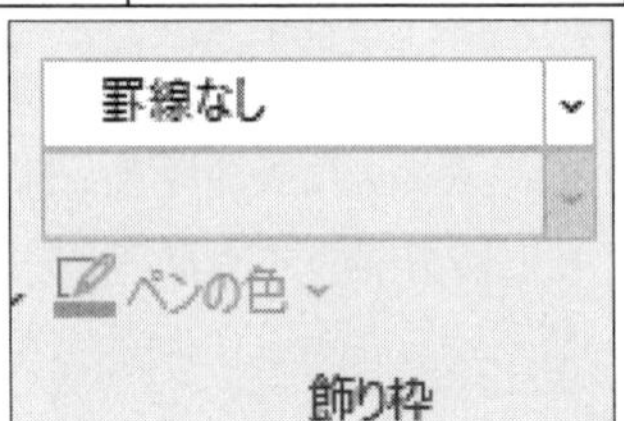


［テーブルデザイン］タブをクリックし、罫線の種類を［罫線なし］を選択します。

上の表の太線で示したところをなぞると、その線が消えます。

画面上では点線で示されていますが、印刷プレビューを見ると、線が消えていることがわかります。

同様の操作で、罫線の種類を二重線などにして、項目と内容を分ける線を変更してみましょう。

### （３）セルの分割

| 日程 | | ステージ | | | バックステージ |
|---|---|---|---|---|---|
| ９月１日 | 午前 | 10：00<br><br>10：30 | トークショー | 司会者とゲストによって今回のイベントの説明<br>スペシャルゲストの登場 | 次の出演者の準備<br><br>劇の準備 |
| | | 11：00 | お笑い劇場 | | |
| | | 12：00 | 昼休み | | |
| | 午後 | 13：00 | | | |
| | | 15：00 | | | |

太枠のところを選択（クリックしてカーソルがある状態）にし、右端の［レイアウト］タブ➔［セルの分割］をクリックします。

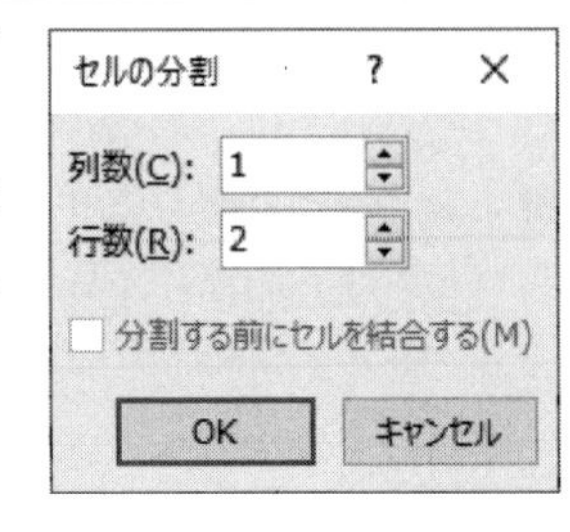


列は分けずに、行を２行に分けたいので、列数は「1」、行数は「2」にします。分割後、（２）の操作と同様に、間の罫線を点線などに変更しておきます。

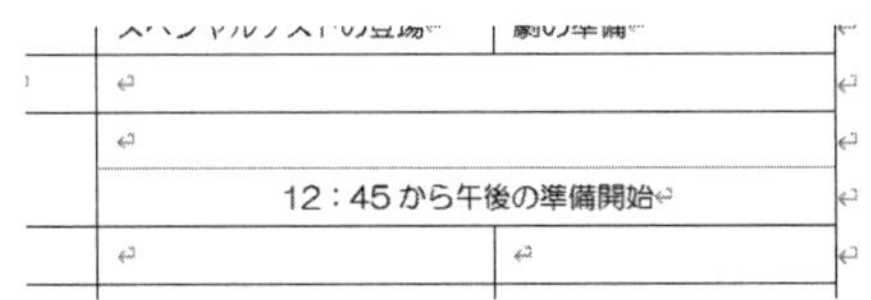


セルの分割の操作が難しいと感じる場合、他の箇所をセルの結合で同じ形にすることを考えます。最初に表示する行を１行増やしておきます。「９月１日」、「午前」について、１行多く選択してセルを結合します。さらに「12：00」、「昼休み」について、縦にセルの結合をすれば同じ形になります。

## （4）表の中に表を挿入

| 日程 | | ステージ | | | バックステージ |
|---|---|---|---|---|---|
| 9月1日 | 午前 | 10：00<br><br>10：30 | トークショー | 司会者とゲストによって今回のイベントの説明<br>スペシャルゲストの登場 | 次の出演者の準備<br><br>劇の準備 |
| | | 11：00 | お笑い劇場 | | |
| | | 12：00 | 昼休み | 12：45から午後の準備開始 | |
| | 午後 | 13：00 | | | |
| | | 15：00 | | | |

太枠の中に表を入れます。セルの高さが十分でない場合、セルの中に表を入れたら上下の線がくっついてその後の操作が難しくなります。

表を挿入する前に、セルの高さを広げておきましょう。太枠の下の線を下へドラッグして広げます。

高さを十分に広げたら、表を挿入します。2行×2列の表を入れることにします。

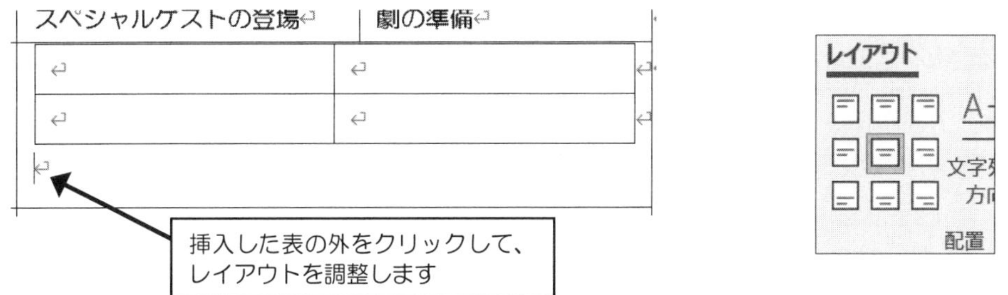


セルの中心に挿入した表を位置させるために、表の外をクリックし、レイアウトを調整します。

## （5）テキストボックスの利用

テキストボックスを利用すると、表の罫線に関係なく、文字を配置することができます。詳しくは第6章（p.68）を参照し、テキストボックスを表示し、文字を入力します。

段落の設定によって行間を詰める、文字の大きさの変更をするなど、工夫してみましょう。

「（4）表の中に表を挿入」の代わりに、テキストボックスを用いてセルの中に枠付きの文字を配置させることはできますが、「（4）表の中に表を挿入」を利用したほうが、レイアウトを崩さずに作業を進めることができます。p.69「（8）図形枠へのテキスト入力」を用いて四角ではないテキストボックスを使うなどの工夫をするときには、「文字列の折り返し」を「行内」にするとセルの中に収まります。

**=== 練習問題 ===**

（1）文化祭、演奏会、講演会などのイベントを想定し、スケジュール表を含んだ企画書を作成してみよう。

（2）授業の指導案における授業展開の表を作成してみよう。

# 付録C　表紙と目次のページ

小冊子を作成したり、卒業論文を作成したりするとき、本文だけではなく、表紙や目次を付けると格調高くなります。

1つの Word ファイルで、表紙、目次、本文の構成で作成してみましょう。表紙や目次にはページ数は付けず、本文からページ番号を付けます。目次には各章や各節の見出しを自動的に集めてページ数も書いてあるようにします。

次のような構成になるように仕上げていきます。

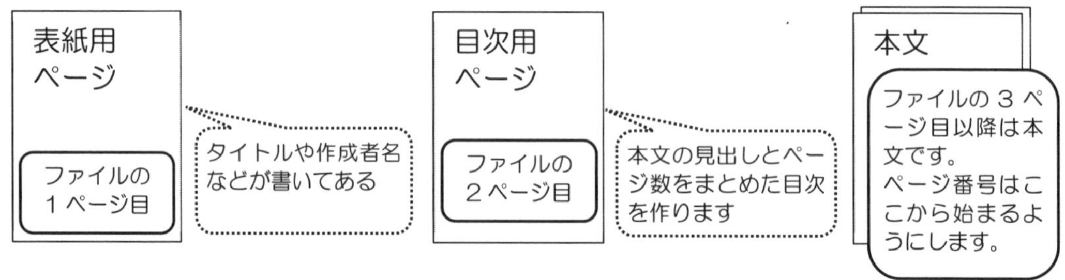


## 1．表紙の作成と目次ページの準備

表紙や目次を作成する前は、1ページ目から本文を書いている状態を想定しています。用紙、余白、文字数と行数などのページ設定は、第3章（p.34～35）を参照して行っておきましょう。

### （1）編集記号の表示

［ホーム］タブ➔［編集記号の表示／非表示］ボタンをクリックして、空白スペース、改ページ、セクション区切りなどの編集記号を見えるようにしておきます。

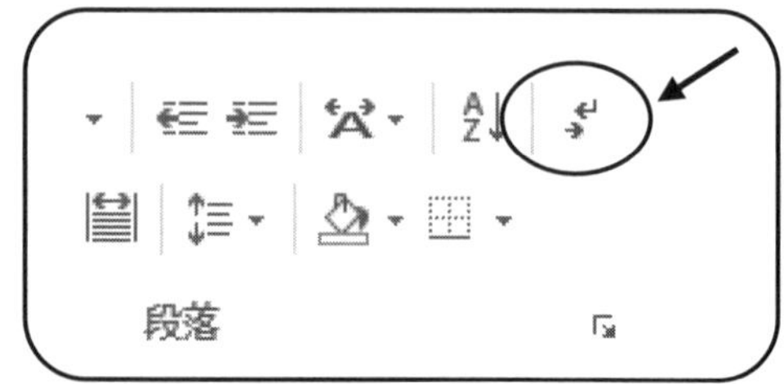


### （2）表紙の作成

1ページ目に表紙用のページを作ります。

①　［Ctrl］＋［Home］で、文書の先頭にカーソルを位置させます。

②　［挿入］タブ➔［ページ区切り］をクリックして、1ページ目に空白のページを作ります。

1ページ目の先頭に次の「改ページ」の記号が表示されます。

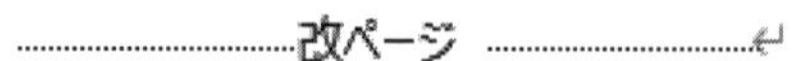

再度、［Ctrl］＋［Home］で先頭にカーソルを位置させてから、改行を入れつつ位置を調整して、表紙をデザインします。タイトルや氏名、その他の必要な情報を文字の大きさやフォントを工夫しながら配置します。

そのとき、［ホーム］タブのスタイルを用いてはいけません。「標準」スタイルのまま、文字飾りをします。

### （3）目次用の空白ページを準備

現時点では、2 ページ目に本文があるはずです。2 ページ目の先頭に、何も書いていない改行を 2 個入れましょう。1～2 行目には何も書いてなく、3 行目から文章がある状態です。

2 ページ目に、目次を作るページを準備します。単なる改ページではなく、表紙と目次のページ設定と本文とのページ設定を分けるためにセクション区切りを使ってページを分けていきます。

① 2 ページ目の 3 行目の本文の先頭（最初の見出しの左端）にカーソルを位置させます。3 行目の左端にするためには［Home］キーを使うとよいでしょう。

② ［レイアウト］タブ➔［区切り］➔「次のページから開始」をクリックします。

2 ページ目に「セクション区切り」の記号が表示されます。

↵ ::::::::::セクション区切り (次のページから新しいセクション)::::::::::

本文は 3 ページ目になったことでしょう。3 ページ目の先頭に空白行がないようにしましょう。

## 2．ページ番号の設定

表紙や目次にはページ番号は付けず、本文からページ番号が始まるように設定します。

### （1）ページ番号を付ける

3 ページ目の本文のどこかにカーソルがある状態にします。

① 「挿入」タブ➔「ページ番号」をクリックして、ページ番号を挿入します。ページ下部の真ん中に表示されるように選択してみましょう。

② フッターに入ったページ番号が本文に近い場合、「下からのフッター位置」を、「17.5mm」から「10 mm」などに変更すると、ちょうどよい場所にページ番号が付きます。

上からのヘッダー位置: 15 mm
下からのフッター位置: 10 mm
整列タブの挿入
位置

ヘッダーにページ番号を入れた場合には、ヘッダーの位置を調整するとよいでしょう。

この段階では、表紙や目次にもページ番号が振られています。

### （2）本文のページ番号を「1」から開始する

① 3 ページ目の本文のページ番号をクリックして選択します。現時点のページ番号は「 3 」です。

② ［ページ番号］ボタンをクリックし、メニューから、［ページ番号の書式設定］をクリックします。

③ 「開始番号」の右の欄の上下の三角で、番号を「 1 」にします。

④ ［OK］ボタンをクリックします。

3 ページ目の本文のページ番号が「 1 」となり、選択されている状態になっています。

他のところをクリックしたりせず、すぐに次の（3）の操作を行いましょう。

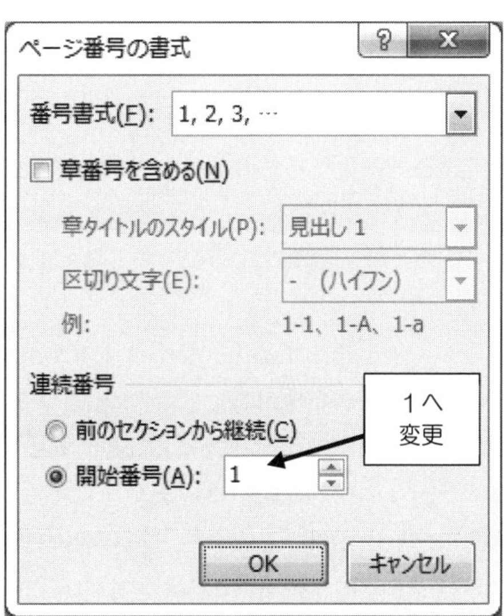

### （3）表紙＆目次と本文のつながりを切る

［ヘッダーとフッター］タブにある灰色(あるいは薄水色)になっている［前と同じヘッダー／フッター］をクリックします。

色が消えると、表紙と目次のページ設定と本文のページ設定のつながりが切れたことを示しています。

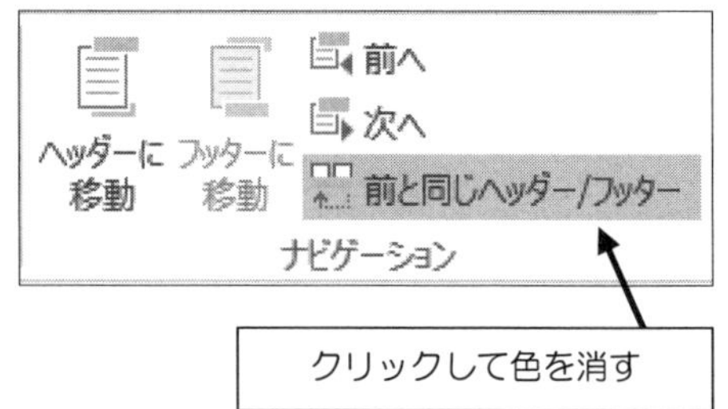


### （4）表紙と目次のページ番号を削除

① スクロールして、1ページ目の表紙のフッター部分を表示させます。

② 表紙のページ番号をクリックして選択し、［Delete］キーなどで削除します。

うまく設定できれば、1ページ目の表紙と2ページ目の目次にはページ番号はなくなり、3ページ目の本文からページ番号が始まっているはずです。

できなかった場合には、操作内容をよく確認してから、ページ番号の操作を最初から行います。

## 3．見出しの設定

目次はスタイル設定した見出しを自動的に抜き出して作成します。第4章でレポートの見出しのスタイルについて学びました (p.49)。ここではあらかじめ用意されている「見出し」スタイルを利用します。

### （1）章立てと見出し

長い内容の文章では、章立てをして内容を階層的に分けて書いていきます。見出しの頭に「章・節・項」などの語を使って階層を表す場合や、数字を使う場合、混在する場合など、さまざまです。

次のような見出しで階層を表現した文章を作成したとします。これを例にして説明しています。

**第１章　はじめに**　←「見出し１」スタイル
　**1．背景説明**　←「見出し２」スタイル
　　**1．1　社会的な情勢**　←「見出し３」スタイル
　　　**（1）第１の問題点**　←「見出し４」スタイル

### （2）見出しスタイルの適用

見出し「第１章　はじめに」の行にカーソルがある状態で、［ホーム］タブ➔［見出し１］ボタンをクリックします。それと同じ階層の「第２章」以降の見出しに同じ「見出し１」スタイルを適用します。

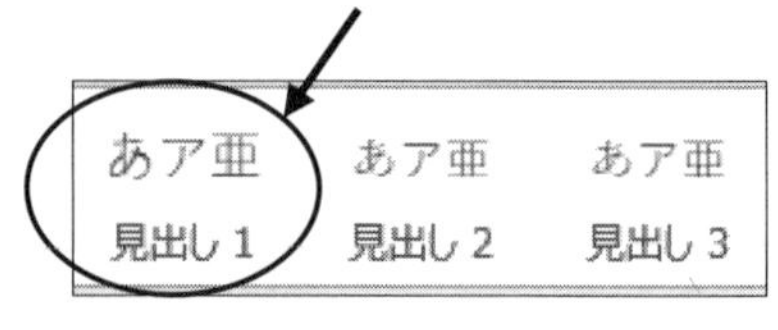


スタイルを適用すると、あらかじめ入力していた見出しの数字が消えてしまうことがあります。そのときには、番号がずれないように気をつけながら、改めて入力しなおします。

同様に、「1．背景説明」およびそれと同じ階層の見出しには「見出し２」を適用します。その次の階層の見出しには「見出し３」というように適用します。

適用する前には［見出し３］以降のボタンは表示されていませんが、「見出し２」スタイルを適用すれば、「見出し３」スタイルが表示されるようになります。

■　スタイルの書式変更　■

あらかじめ用意されている書式を変更したい場合、次のようにします。「見出し３」スタイルを例にして説明します。

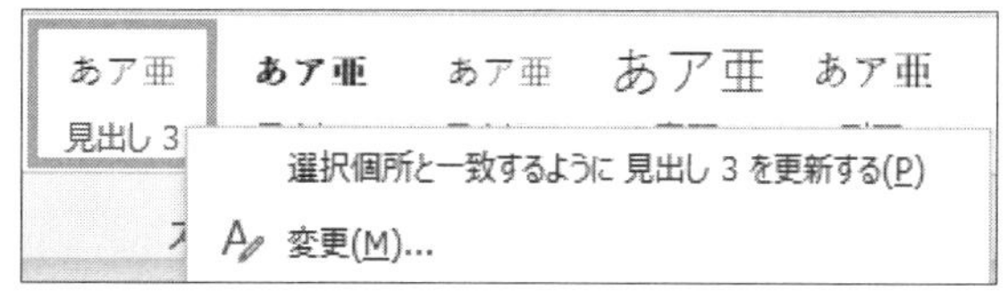


①　「見出し３」スタイルを適用した箇所について、文字のフォントや大きさ、左の位置などを変更します。

②　［ホーム］タブの［見出し３］ボタンが選択されていることを確認し、［見出し３］ボタンを右クリックします。

③　［選択個所と一致するように見出し３を更新する］をクリックします。

すると、他の「見出し３」スタイルを適用した箇所すべての書式が変更されます。

## ４．目次の作成

### （１）目次の挿入

本文からページ番号が始まっていること、全体を通してページ番号が正しく振られているか、確認してから目次を挿入しましょう。

①　２ページ目の、目次用の空白ページの１行目左端にカーソルがある状態にします。

②　［参考資料］タブ➔［目次］ボタンをクリックしてメニューを表示させます。

③　「見出し３」スタイルまでしか使っていない場合には、［自動作成の目次２］をクリックします。

この操作で目次が作成されます。「目次」という項目も表示されています。

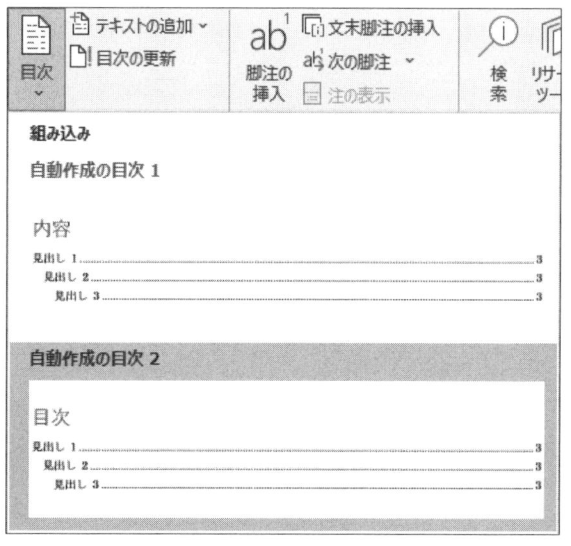


■　「見出し４」を目次に反映させる場合　■

［目次］ボタンで表示されたメニューにある［ユーザー設定の目次］をクリックします。

「アウトラインレベル」の欄を「４」に変更して、［OK］ボタンをクリックすると、見出し４までの目次が作成されます。この場合には、「目次」という項目は自動的には現れません。目次の上部に入力することになります。

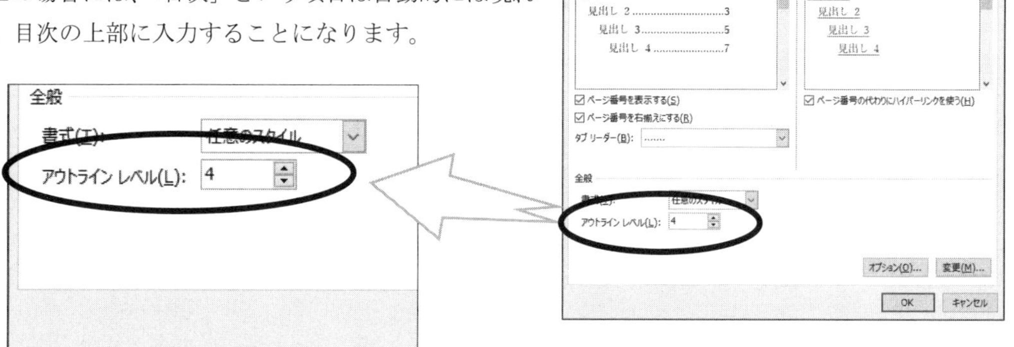

### （2）目次の更新

目次を作成した後に本文内容を修正して、目次の文言やページ数が変わってしまった場合、目次を更新します。

① 目次の部分を右クリックして、[フィールドの更新] をクリックします。

② 「目次の更新」ウィンドウの [目次をすべて更新する] をクリックして、[OK] ボタンをクリックします。

文章中の見出しの変更、ページ数などすべてが更新されます。

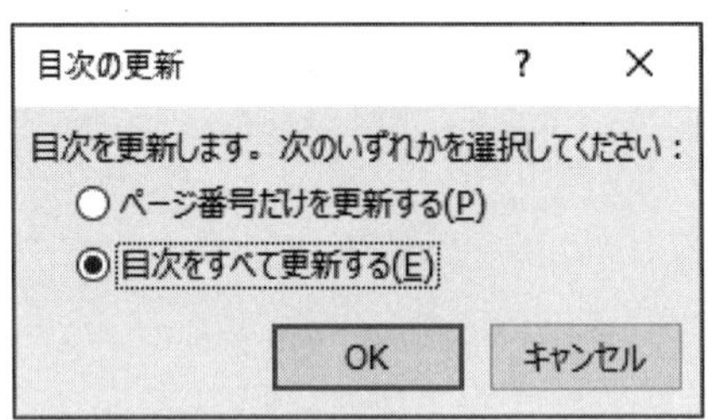


### （3）目次の書式の変更

目次についても、通常の文字飾りの方法で、フォントや文字の大きさ、インデントなどが設定できます。

「（2）目次の更新」をすると、書式はリセットされることがあります。文章の修正がすべて終わり、目次の更新を今後行わない状態で、目次の書式を整えるとよいでしょう。

文字飾りの一例を示します。

- フォントや大きさを変更する
- 左端をインデントで移動させる
- リーダー（目次とページ数を結ぶ点）の前後に空白を入れてスペースを作る
- 行間を空けて見やすくする

文字飾りなどをした結果、目次が 2 ページ以上になっても、本文のページ番号は変わりません。目次の後に空白行があり、本文との前に空白ページができてしまった場合、「セクション区切り」を消さないように注意して、不要な改行を削除します。

**=== 練習課題 ===**

第 4 章で作成したレポートに、表紙や目次を付けてみよう。

# 付録D　ローマ字かな対応表

| | | | | | |
|---|---|---|---|---|---|
| あ | あ | い | う | え | お |
| | A | I | U | E | O |
| | ぁ | ぃ | ぅ | ぇ | ぉ |
| | LA | LI | LU | LE | LO |
| | XA | XI | XU | XE | XO |
| か | か | き | く | け | こ |
| | KA | KI | KU | KE | KO |
| | きゃ | きぃ | きゅ | きぇ | きょ |
| | KYA | KYI | KYU | KYE | KYO |
| さ | さ | し | す | せ | そ |
| | SA | SI | SU | SE | SO |
| | しゃ | しぃ | しゅ | しぇ | しょ |
| | SYA | SYI | SYU | SYE | SYO |
| | SHA | | SHU | SHE | SHO |
| た | た | ち | つ | て | と |
| | TA | TI | TU | TE | TO |
| | | CHI | TSU | | |
| | | | っ | | |
| | | | LTU | | |
| | | | XTU | | |
| | ちゃ | ちぃ | ちゅ | ちぇ | ちょ |
| | TYA | TYI | TYU | TYE | TYO |
| | CYA | CYI | CYU | CYE | CYO |
| | CHA | | CHU | CHE | CHO |
| | つぁ | つぃ | | つぇ | つぉ |
| | TSA | TSI | | TSE | TSO |
| | てゃ | てぃ | てゅ | てぇ | てょ |
| | THA | THI | THU | THE | THO |
| | | | とぅ | | |
| | | | TWU | | |
| な | な | に | ぬ | ね | の |
| | NA | NI | NU | NE | NO |
| | にゃ | にぃ | にゅ | にぇ | にょ |
| | NYA | NYI | NYU | NYE | NYO |
| は | は | ひ | ふ | へ | ほ |
| | HA | HI | HU | HE | HO |
| | | | FU | | |
| | ひゃ | ひぃ | ひゅ | ひぇ | ひょ |
| | HYA | HYI | HYU | HYE | HYO |
| | ふぁ | ふぃ | | ふぇ | ふぉ |
| | FA | FI | | FE | FO |
| | ふゃ | ふぃ | ふゅ | ふぇ | ふょ |
| | FYA | FYI | FYU | FYE | FYO |
| ま | ま | み | む | め | も |
| | MA | MI | MU | ME | MO |
| | みゃ | みぃ | みゅ | みぇ | みょ |
| | MYA | MYI | MYU | MYE | MYO |
| や | や | | ゆ | いぇ | よ |
| | YA | | YU | YE | YO |
| | ゃ | | ゅ | | ょ |
| | LYA | | LYU | | LYO |
| | XYA | | XYU | | XYO |

| | | | | | |
|---|---|---|---|---|---|
| ら | ら | り | る | れ | ろ |
| | RA | RI | RU | RE | RO |
| | りゃ | りぃ | りゅ | りぇ | りょ |
| | RYA | RYI | RYU | RYE | RYO |
| わ | わ | うぃ | | うぇ | を |
| | WA | WI | | WE | WO |
| ん | ん | | | | |
| | NN | | | | |
| | | | | | |
| が | が | ぎ | ぐ | げ | ご |
| | GA | GI | GU | GE | GO |
| | ぎゃ | ぎぃ | ぎゅ | ぎぇ | ぎょ |
| | GYA | GYI | GYU | GYE | GYO |
| | ぐぁ | | | | |
| | GWA | | | | |
| ざ | ざ | じ | ず | ぜ | ぞ |
| | ZA | ZI | ZU | ZE | ZO |
| | | JI | | | |
| | じゃ | じぃ | じゅ | じぇ | じょ |
| | ZYA | ZYI | ZYU | ZYE | ZYO |
| | JA | | JU | JE | JO |
| | JYA | JYI | JYU | JYE | JYO |
| だ | だ | ぢ | づ | で | ど |
| | DA | DI | DU | DE | DO |
| | ぢゃ | ぢぃ | ぢゅ | ぢぇ | ぢょ |
| | DYA | DYI | DYU | DYE | DYO |
| | でゃ | でぃ | でゅ | でぇ | でょ |
| | DHA | DHI | DHU | DHE | DHO |
| | | | どぅ | | |
| | | | DWU | | |
| ば | ば | び | ぶ | べ | ぼ |
| | BA | BI | BU | BE | BO |
| | びゃ | びぃ | びゅ | びぇ | びょ |
| | BYA | BYI | BYU | BYE | BYO |
| ぱ | ぱ | ぴ | ぷ | ぺ | ぽ |
| | PA | PI | PU | PE | PO |
| | ぴゃ | ぴぃ | ぴゅ | ぴぇ | ぴょ |
| | PYA | PYI | PYU | PYE | PYO |
| ヴ | ヴぁ | ヴぃ | ヴ | ヴぇ | ヴぉ |
| | VA | VI | VU | VE | VO |
| | ヴゃ | ヴぃ | ヴゅ | ヴぇ | ヴょ |
| | VYA | VYI | VYU | VYE | VYO |

MEMO

「っ」（小さな「っ」）・・・次のローマ字の子音を２つ続ける　例：きっと→KITTO

「ん」・・・Nの次に子音（K、S、T、Pなど）が来れば「ん」となる

「ゐ」・・・「い」または「うぃ（WI）」を変換

「ゑ」・・・「え」または「うぇ（WE）」を変換

# 索　引

## 記号・数字・アルファベット



## ア行

## カ行



## サ行

## タ行



## ナ行



## ハ行

## マ行



## ヤ・ラ・ワ行

## 著者　紹介

**坂本　正徳**（さかもと　まさのり）
國學院大學　人間開発学部　教授
専門分野：情報地質学
cigma@kokugakuin.ac.jp

**近藤　良彦**（こんどう　よしひこ）
國學院大學　人間開発学部　教授
専門分野：理論物理学
kondo@kokugakuin.ac.jp

---

2021 年 12 月 28 日　　初　版　第 1 刷発行

**Officeで学ぶコンピューター活用入門**

著　者　坂本正徳／近藤良彦 
発行者　橋本豪夫
発行所　ムイスリ出版株式会社

〒169-0075
東京都新宿区高田馬場 4-2-9
Tel.03-3362-9241(代表)　Fax.03-3362-9145
振替　00110-2-102907

---

ISBN978-4-89641-311-3　C3055